KB053018

평범한 주부의 특별한 육아지침서

누워서 떡 먹기 육아

누워서 떡 먹기 육아

문현경 지음

마음세상

육아! 누워서 떡 먹는 것처럼 쉽다.
하지만 급하게 서둘러서 하는 육아는 체하는 법이다.
육아천재가 알려주는 대로 하면
절대 체하는 법 없이 누워서 떡 먹는 것처럼 쉽고 재미있게 할 수 있다.

혼신을 다한 육아는 배반하지 않는다.

들어가는글

"어머니, 어떻게 하면 나연이처럼 키울 수 있나요?"

나연이가 다섯 살 유치원에 입학했을 때 상담을 하러 간 자리에서 나연이의 담임 선생님이 내게 한 첫마디였다. 그 이후로 중학교 1학년이 된 지금까지도 상담을 하러 간 자리에서 담임 선생님들에게 들어온 말이었다. 다섯 살때 유치원에 들어가기 싫어서 엄마랑 실랑이를 벌이는 아이를 데리고 유치원으로 들어간 나연이의 이야기를 그 아이의 엄마로부터 들었을 때와 초등 1학년때 왕따 당한 아이를 구한 이야기까지 나를 감동시킨 이야기가 참 많다.

아이가 남다르다는 건 알고 있었지만 선생님들의 검증이 이어지자 정성을 다해 키운 나의 육아 비법이 빛을 발한다는 것을 알았다. 작가인 언니가 던진 "육아책 써!" 라는 한 마디에 육아책을 집필하기에 이르렀다.

어릴 때부터 아이를 좋아해서 내 아이를 가지면 얼마나 예쁘고 또 소중히 키울까 항상 생각하고 고민했다. 30세 그 당시 노처녀 소리를 들으며 늦은 결혼을 했다. 원하던 가정을 꾸리고 어려서부터 꿈꾸던 현모양처를 실현하기 위해 정성을 다해 하루하루를 살았다. 육아에 관심이 많았고 아이를 잘 키우고 싶은 마음에 조바심이 컸는지 아이는 쉽사리 나에게 오지 않았다. 아이를 잉태하는 과정 또한 정성을 쏟으며 아이 맞을 준비를 했다. 하늘도 나의 눈물겨운 노력을 아셨는지 아이를 내게 보내주셨다. 얼마나 축복된 일인가? 요즘은 너무 쉽게 아이를 가지고 낳고 키우는 것 같아 걱정이 앞선다. 너무 이른 나이에 원치 않은 임신으로 아이를 버리는 일도 있고 일찍 결혼해 이른 나이에 엄마가 되어 자식 귀한 줄 모르고 아이를 키우는 경우도 있다.

나무, 화초, 꽃. 반려동물도 정성을 들여 키우는 마당에 어찌 자기 자식을 함부로 키운단 말인가? 나의 아이들은 뱃속에서부터 대화하며 태교로서 키운 아이들이다. 쉽게 내게 오지 않은 아이였기에 임신 전에도 행동거지를 조심했고 임신 사실을 알고부터는 더 노력했다. 음식을 먹을 때도 예쁜 것을 골라먹고 좋은 것만 보며 좋은 것을 들으며 아이에게 좋은 것들을 선사해주었다. 특히 마음을 편하게 하고 손을 배 위에 올리고 아이와 대화의 시간을 많이 가졌다. 하루일과를 아이와 항상 도란도란 옆에 있는 것처럼 이야기 나누었다.

육아가 힘들다는 한 명의 독자를 위해 이 책을 썼다. 단 한 사람만이라도 내책으로 인해 아이를 잘 키우고 동기부여가 된다면 그걸로 충분히 행복하고 보람을 느낄 것이다. 이 책을 시작으로 난 육아코칭을 시작한다. 일주일에 한 번 모여 책을 읽고 어떤 마음가짐으로 아이를 키워야 할지 엄마들에게 나눠줄 계획이다.

이 책은 결혼을 해서 육아를 하는 초보주부, 결혼을 준비하는 예비신부들, 초등 자녀들을 키우는 부모들에게 권하고 싶다. 아이를 낳고 육아를 하는 것보다 결혼 전 아이를 갖기 전 마음가짐과 태교에 대해 더 중점을 두고 싶다. 일에는 뭐든 우선순위가 있게 마련이다.

그래서 나는 결혼과 동시에 탄탄하고 대우받던 직장을 과감히 때려치웠다. 아이가 생기고 낳을 때까지 돈도 벌면서 사회생활을 영위할 수도 있었지만 두 마리토끼를 잡다보면 어느 한쪽이 소홀해지기 마련이다. 소탐대실, 작은 것을 욕심내다 큰 것을 잃는 어리석은 짓을 하고 싶지 않았다.

이 책은 결혼해서 임신을 준비하며 어려웠던 과정, 축복처럼 임신이 된 아이, 정성으로 태교를 하며 출산을 하고 태어나서도 남의 손 하나 빌리지 않고 육아를 하며 건강 이유식을 해먹이며 키워내고 유치원과 학교에 입학하며 아이의 성장과정 등을 담은 책이다.

내 책에도 담겨있는 내용이지만 주위에 육아를 힘들어 하는 분들이 참 많은 것 같다. 나도 엄마가 처음이었고 육아가 처음이었다. 누가 가르쳐준 것도 아니고 도움을 준 것도 아니라 내가 스스로 깨우치고 알아가며 터득해낸 것이다. 엄마는 강인한 정신력에 사랑이라는 양념만 있다면 누구나 할 수 있다. 여자는 약하지만 어머니는 강하지 않은가?

나약하다고만 생각했던 내가 육아 책을 내고 많은 이들에게 육아 전도사가 될 줄 누가 알았겠는가? 평범한 주부가 경험을 토대로 쓴 책이기에 부담 없이 다가올 것 같다. 육아에 어려움을 겪는 모든 이들에게 육아지침서가 됐으면 하는 바람에서 이 책을 출간하게 되었다.

아이들이 항상 나에게 하는 말이 있다.

"엄마는 정말 멋져!"

"엄마는 정말 지혜로워!"

별로 한 게 없고 정성스레 사랑만 줬을 뿐인데 이런 찬사를 받다니……. 아이들 키운 보람을 느끼고 있다.

정성을 다한 태교와 육아는 절대 배반하지 않는다. 모든 부모들이 육아에 허덕이고 힘들어 한다면 그의 손을 잡아주고 귀 기울여 들어 주고 도움을 주고 싶다. 왜? 이 나라는 내 아이뿐만 아니라 다른 아이도 잘 자라야하기 때문이다.

육아! 정답은 없다. 다만 해답은 있다. 부모들마다 키우는 방식이 다르고 생각이 다르고 아이들 성향이 다른데 내가 추구하는 방법이 다 맞다고 할 수는 없다. 다만 이 책을 읽고 내가 터득한 비법들을 첨가해서 아이를 잘 키워가길 바랄 뿐이다.

제1장
태교는 나의 힘!

현모양처를 꿈꾸다

어릴 적부터 무모하게 꿈꾸던 작은 소망이 있었다. 드라마에서 여배우들이 나와 앞치마를 입고 맛있는 음식들을 차리고 방긋방긋 웃으며 남편, 아이들과 식탁에서 담소를 나누고 아침에 출근할 때 문 앞까지 나와 배웅하는 모습이 어린 나에게도 꽤나 신선한 충격이었나 보다. 커서도 평범하고 아무도 꿈으로 갖지 않을법한 현모양처를 꿈꾸고 있는 걸 보면 말이다. 하지만 누구나 농담처럼 하는 현모양처가 말처럼 쉽지만은 않다. 현모양처라 하면 신사임당 정도는 돼 줘야 하고 아들은 이율곡 정도는 돼 주어야한다고 생각한다.

현모양처, 풀이대로 라면 어진 어머니와 착한 아내라는 뜻인데 말은 참 쉬운데 생각처럼 쉽지 않다. 또 그렇게 거창한 것도 아니다. 요즘 시대에 맞는 나만의 현모양처 상을 만들어 현명한 엄마와 아내가 되면 된다. 시대가 변하고 모든 것들이 변한 마당에 조선 시대의 엄마 상만을 따르는 것도 맞지 않다고 생각한다. 온고지신. 옛것을 지키되 현실에 맞게끔 적절히 변화시키면 되는 것이다. 남편과 아이에게 할 말은 하면서 엄마로서의 책임을 다한다면 멋진 현모양처가 될 것이다.

그렇게 나만의 현모양처의 기준을 정해서 정성껏 남편을 보필하며 살았다. 결혼을 하고 10여 년 넘게 살면서 아침밥을 차려주지 않은 적이 손에 꼽을 정도다. 아침만은 꼭 차려 준다는 게 나만의 현모양처상 중에 첫 번째였다. 남편이 출근하는데 부인이 자고 있다면 그건 말도 안 되는 소리다. 한집안의 가장이 사랑하는 가족을 위해 직장이라는 전쟁터에 나가는데 밥도 안 차려주고 직무유기를 한다면 그 집구석은 안 봐도 뻔하다. 시대가 아무리 변하였다 하더라도 지켜야할 것은 지켜야 한다. 아직까지도 시어머니는 아들보고 장가 잘 갔다며 첫째 며느리와 비교하시며 나를 칭찬한다.

"울 아들은 복도 많네. 요새 세상에 아침밥 차려주는 색시가 몇이나 되겠니? 너는 마누라 업고 댕기라."

그렇다 쳐도 이리 말해주는 시어머니가 어디 있으랴. 다행이면서 감사한 일은 좋은 시어머니를 만난 것이다. 시어머니께서는 조선시대의 현모양처처럼 남편과 자식에게 정성을 쏟는 스타일이었다. 그런 선배 현모양처에게 칭찬을 받으니 어깨가 으쓱했다.

신혼 때는 퇴근 후 돌아온 남편의 발을 정성스레 닦아주고 하루 중 있었던 일을 얘기하며 이야기꽃을 피운다. 이런 모습을 보고 자란 아이는 정서적으로 편안하고 꿈꾸는 아이로 자랄 것이다. 남편에게 항상 귀에 못이 박히게 말하는 것 중에 하나는 부부간에 서로 존중하고 아끼는 모습을 보여주자는 것이다.

희한하게도 부인을 무시하는 사람을 보면 보고 배운 도둑질이 무섭다고 자식도 똑같은 모습이고 아내를 아끼고 사랑하며 아내 바보인 사람들은 자식에게 대물림돼서 똑같이 아내를 사랑한다는 것이다. 정말 소름끼치게 무섭다. 어떤 공포 영화보다 스릴러보다 무섭다. 이런 영화에는 반전이 없다. 자녀에게 가장 좋은 가정교육은 부모의 행복한 모습과 서로 아끼고 사랑하는 모습이라고 하지 않는가? 그런 모습을 보고 자란 아이들은 정서적으로 평안함을 유지해서 아이의 인격 형성에 좋은 영향을 미친다고 한다. 나의 부모님의 모습을 상상해보면 그리 살갑거나 다정다감한 분들이 아니었지만 최소한의 자녀들에게 좋은 모습을 보이려고 노력한 것 같다.

살면서 물려받은 거라곤 긍정이라는 선물밖에 없지만 부모님께 감사드린다. 아주 큰 선물을 받았으니 이 험한 세상을 버틸 수 있었던 것 같다. 긍정 만큼 좋은 것은 없기에 나도 내 아이들에게 항상 긍정의 마인드를 심어주려고 많은 노력을 기울였다. 그래서 어릴 때부터 부모님께서 엄하게 가르치신 덕분인지 제멋대로 인생을 사는 사람들을 보면 왜 저러고 사나 싶어 참 한심했다.

부모가 도대체 어떻게 키웠으면 저렇게 자랐을까 했다. 나중에 부모 욕 먹이지 않기 위해서라도 잘살아야겠다고 마음먹었다. 학창시절부터 늦어도 6시에는 일어나는 습관이 몸에 배인 탓인지 부지런하다는 말을 많이 듣고 살았다. 전형적인 아침형 인간이었다. 아침에 일어나 거실 커튼을 열어제친 후 세수를 하고 거실 오디오에 볼륨을 높이고 라디오 DJ의 잔잔한 멘트와 음악에 맞춰 꽃무늬가 그려진 앞치마를 입고 찌개를 보글보글 끓이고 나물을 조물조물 무쳐 식탁 한 상을 차려내면 얼마나 뿌듯하고 행복한지 모른다. 그리고 남편이 맛있게 먹는 모습을 보면 이보다 더 좋을 수 없다.

예전의 좋은 아내, 좋은 어머니상은 무조건 순종하고 양보하고 배려의 아이콘이었다면 요즘은 많이 다르다. 무조건 수용해서는 안 된다는 게 나의 철학이다. 수용과 타협을 적절히 해서 소통을 해야 한다.

멋진 아내, 멋진 엄마로 거듭나기 위해서는 피나는 노력이 필요하다. 그냥 마음만으로 된다면 얼마나 좋겠는가? 무슨 일이건 행동으로 옮겨야한다. 때로는 귀찮게 느껴지지만 하다보면 언젠가는 습관처럼 그 일을 하고 있다. 나중에는 습관이 책임감으로 바뀌어 자연스럽게 행동하게 될 테니 말이다.

여자들이여! 모두 현모양처가 되고 싶지 않은가? 그렇다면 나를 따르라!

남편이건 자식이건 정성을 다하면 엇나갈 사람이 없다. 남자라는 동물은 여자와는 다르게 단순해서 칭찬해주고 타이르고 격려해주면 그 효과가 배로 나타난다. 마음에 들지 않는 구석이 있으면 화를 내는 게 아니라 조용조용 얘기하면 희한하게도 그게 먹히는 것이다.

남자는 어떤 아내를 만나느냐에 따라 사람의 운명이 바뀐다. 평양성에서 구걸하며 살았던 온달은 평강공주를 만나 무술과 병법을 배우고 훌륭한 장수로 거듭난다. 한 사람의 아내이자 엄마가 이렇게 위대한 일을 해내다니 경이롭기까지 하다. 남편도 아내가 원하는 대로만들 수 있다. 남편과 자식도 여자의 힘으로 어떤 사람으로 탈바꿈될지 결정된다니 살짝 무서워진다. 막중한 책임감이 어깨를 짓누른다. 하지만 전혀 그럴 필요 없다. 어릴 때부터 꿈꿔왔고 실천해왔던 일이기에 기대감이 더 크기에 두렵지도 무섭지도 않다.

위에서도 언급했듯이 나만의 방식, 기준으로 해 나가면 된다. 자신만의 기준, 즉 잣대가 가장 중요 하다. 사람마다 살아온 방식과 생각이 다르기 때문에 어떤 사람의 방식이나 행동이 옳다고 생각하면 실행에 옮기면 된다. 아무도 뭐라 할 사람은 없다. 현모양처 두 번째 수칙은 남편과의 스킨십, 아이와의 스킨십을 습관처럼 하라고 조언한다. 신혼 초에는 출근하는 남편과 현관 앞에서 잠시 헤어지는 게 싫어 아카데미 시상식의 남녀 주연 배우처럼 진한 키스를 하며 저녁을 기약하곤 했다. 결혼 생활 10여 년이 지나다보니 그때처럼은 아니지만 의무적이라도 애들 보는 앞에서 스킨십을 나누며 우리는 이렇게 사랑한다는 걸 보여준다. 부부간의 사랑하는 모습을 보며 자란아이는 정서적으로 편안할 수밖에 없다.

아이도 마찬가지로 "아침에 일어나면 뽀뽀뽀. 엄마가 안아줘도 뽀뽀뽀. 만나면 반갑다고 뽀뽀뽀. 헤어질 때 또 만나요. 뽀뽀뽀." 라는 노래처럼 일상이 되어 버렸다.

세 번째 수칙, 너무 헌신적일 필요는 없다. 예전에는 무조건 희생하고 수용하는 것이 현모양처의 조건이었다면 요즘은 시대가 변했고 아이들도 변했다. 요즘 아이들은 적절히 타협을 해야 할만큼 생각이 많이 자라고 컸다. 오죽하면 캥거루 맘, 헬리콥터 맘이란 신조어가 탄생했겠는가? 부모의 과보호 속에서 자란 아이와 남편은 아내와 엄마에게 의존하고 기댈 확률이 높고 나아가 학교와 사회에 적응 못 해 힘들어질 수밖에 없다. 적절한 간섭과 희생만이 필요하다. 남편과 아이와 하루에 있었던 이런저런 얘기를 하면서 이야기꽃을 피우고 고민을 얘기하는 모습 모두가 바라는 가정상일 것이다. 가화만사성이라 했다. 예로부터 가정이 평안해야 바깥일도 잘된다고 했다. 그런 가정을 만드는데 중추적 역할을 하는 사람이 바로 엄마이자 아내이다. 한 가정을 행복하고 성공한 삶을 사는 가정으로 만드는데 여자, 엄마의 위치가 그만큼 엄청나다.

"여자는 약하지만, 엄마는 강하다."는 말도 있지 않은가? 뼈를 깎는 고통을 참아내며 아이를 출산하지 않았던가? 그런 고통도 참았는데 그 어떤 일인들 못하리까? 남편과 자식을 위해서 다시금 뼈를 깎아보자. 우리는 현모양처가 되기 위해 어떤 일을 할 수 있을까? 첫 번째로 남편과 자식에게 정성으로 대해야 한다. 모든 일에 정성을 다하면 배반하지 않는다는 말을 나는 철칙으로 믿고 있다. 어릴 적 나의 할머니 어머니는 따뜻한 밥을 지어 밥공기에 꾹꾹 눌러 뚜껑을 덮어 아랫목에 넣고 식을 새라 담요를 덮어 소중히 남편과 자식의 밥을 지켰다. 예전의 부모는 정성과 인내였다면 요즘 세대 엄마들은 아이와의 소통이 중요한 것 같다.

사소한 것부터 정성을 기울이라고 말하고 싶다. 사람들이 살아가는데 있어서 가장 중요한 것이 먹는 것이다. 먹는 것부터 공들여 챙기면 다른 것은 자연스럽게 따라온다. 엄마는 아빠를 치켜세우고 아빠는 엄마를, 부모는 자녀들을 서로 위하며 치켜세우면 자신감이 생겨 무슨 일이든 거뜬히 해낼 수 있다.

"당신이 최고야."

"여보, 오늘 왜 이렇게 멋져."

"울 딸, 울 아들 , 오늘 왜 이렇게 예쁘고 멋있지."

"여보, 오늘 정말 예쁜데?"

"오늘 김치찌개가 정말 맛있는데?"

소소한 칭찬이지만 서로에게 힘이 되는 말들을 해주면서 서로를 격려해주면 가족 간에 정이 넘치고 자신이 사랑받고 대접받고 있다고 느껴서 모든 일에 자신감이 충만할 것이다. 부부간에 서로를 아끼고 존중한다면 아이들은 그걸 보고 배운다. 교육이란 별다른 게 없다. 산교육이라 하지 않았던가? 보고 느끼는 교육이 가장 중요하다. 요즘 엄마, 아내에게 외친다! 남편을 위하고 자식을 위하라! 그러면 나의 위가 튼튼해지고 더 나아가 내 남편과 자식이 위대해 진다! 훌륭한 남편과 자식의 옆에는 항상 내조 잘하는 아내, 엄마가 있었다. 가정이 평안하고 잘 돼야만 바깥일도 잘된다는 것은 누구나 잘 아는 일이다.

"이 노무 집구석 짜증나서 들어오기 싫네!" 가 아닌 "아, 집에 얼른 가고 싶네! 여우같은 마누라랑 토끼 같은 새끼들 얼른 보러 가야지." 하며 퇴근 후 곧장 달려오고 싶은 곳으로 만들자. 이게 바로 엄마의 몫이자 아내의 몫이다. 남편과 자식을 위해 앞치마를 입고 된장찌개를 보글보글 끓이며 식탁에 앉아 도란도란 얘기하며 자신만의 그림을 그려나가라고 말하고 싶다. 내가 예전에 꿈꿔온 것을 실천했듯이 말이다.

은밀한 계획

　영화에서처럼 잘생기고 멋진 남자에게 프러포즈를 받으며 행복한 결혼을 하고 싶었다. 하지만 현실은 어땠을까? 먼저 결혼한 선배와의 대화에서 결혼의 환상은 조금씩 부서져 버렸다.

　"결혼은 현실이다. 처음에야 좋지 몇 년 살아봐. 주말 부부되길 기도하고 남편 뒤꿈치 만 봐도 미워죽을 것 같고 그냥 애들 때문에 살아. 절대 환상에 빠지지 마."

　"선배, 그래도 환상 좀 갖고 있자, 어떻게 그렇게 무참히 환상을 깨냐?"

　"너도 결혼하지 말고 혼자 즐기면서 살아. 뭣 하러 결혼해서 지지고 볶고 사니, 편하게 누리면서 멋지게 사는 거야."

　"와, 진짜 너무한다. 자기는 할 거 다 해 보고 나보고는 하지 말라니 무슨 심보고?"

　선배들의 말은 무시한 채 내가 꿈꾸는 남편을 그리며 간절히 기도하며 기다렸다. 제일 참기 힘든 점은 엄마 잔소리였다. 다른 것 보다 지긋지긋한 이곳에서 하루라도 빨리 벗어나고 싶은 심정이 컸다. 그러던 차에 남편은 나에게 구세주처럼 다가왔다. 같은 직장에서 만난 남편은 그저 착하고 성실한 남자였다. 남에게 나쁜 소리 못하는 그저 순수한 남자였다. 다혈질이던 내 성격과는 너무나 다른 모습에 그가 눈에 들어오기 시작했다. 항상 나를 배려하는 모습에 뽕 가기 시작했다. 무슨 말을 해도 다 들어 주었다. 하늘에 별도 달도 다 따 줄 것만 같은 슈퍼맨의 모습이 바로 결혼 전의 남편이었다. 잘생긴 얼굴은 아니지만 내 눈에 만큼은 장동건보다 잘생기고 멋져 보였다. 콩깍지가 씌어서인지 그의 모든 면이 좋았다. 마법의 수프라도 먹은 것처럼 사랑에 빠졌고 그렇게 우리는 결혼했다.

결혼 후 남편의 모습은 180도 달랐다. 모든 걸 나에게 맞춰 주던 연애 시절과는 달리 결혼 후에는 모든 걸 철저히 자신에게만 맞추는 말 그대로 사기꾼(?)이었고 남의 편이었다. 잡은 물고기에 먹이 안 준다는 말이 실감났다. 아카데미 남우주연상급 연기로 나를 완전히 속인 것이다. 연애 시절 자신의 감정을 숨기느라 어지간히도 힘들었으리라. 그가 하는 일은 회사 다니는 일뿐이었다. 가정과 관련된 일은 다 나의 몫이었다. 집안에 별 관심 없는 남편 덕분에 난 그저 슈퍼우먼이 되어갔다. 집안 청소와 밥 하고 설거지하고 집안 대소사 챙기고 시부모님께 안부 전화 드리는 것까지 모두 나의 것이었다.

특히 남편의 습관 중 나를 미치게 하는 건 입맛이었다. 연애 때는 가장 좋았던 게 입맛과 식성이 비슷한 점 이었다. 결혼하면 고생은 안 하겠구나 했는데 이게 웬 날벼락이람? 라면이나 햄이나 소시지와 짠 과자들만 좋아했고 내가 1시간씩 정성을 들여 만들어주는 나물이나 된장찌개 같은 반찬은 손도 대지 않았다. 어머님이 생각해서 만들어 주시는 그 많은 반찬은 다 내 차지가 되었다. 장아찌 종류별로 담가 주시는 김치들, 나물들과 국거리들은 다 내 것이었다. 안 먹어도 배부를 만큼 양이 많았지만 남편이 먹질 않으니 오로지 내가 먹어야

할 것들이었다. 남편이 내게 준 건 살과 증오뿐이었다. 내 인생 돌리도. 일이 이 지경이 되니 내 남편의 입맛을 들여 준 시어머니가 미워지기 시작했다. 어렸을 때부터 골고루 먹었다면 절대 저런 초등학생 수준의 입맛은 안 되었을 것인데 어쩌자고 좋아하는 것만 먹어서 아들 입맛을 아이 입맛으로 만들어 놓았을까 정말 싫었다. 오냐오냐 키웠을 어머님이 야속하기만 했다. 어머님의 성격을 보면 안 봐도 비디오였다. 친척 분께 들은 이야기이다.

"말도 마라. 너희 시어머니 밥그릇 들고 다니며 떠먹여줬다 아이가. ○○이가 입이 짧아놓으니 밥 때마다 난리도 아니었다니깐. 다들 그러지 말라카는 데도 너희 시 엄마 성격에 가만히 있겠나? 한 숟가락이라도 더 먹이려고."

무슨 일에든 다 이유가 있는 법. 남편의 식성은 100% 어머님 탓이었다. 자식이 예쁘면 오냐오냐 키우지 말고 오히려 따끔하게 키워야 한다는 옛말이 실감 났다. 솔직히 인스턴트 식품은 조리하기가 얼마나 쉬운가? 나도 남편이 좋아하는 햄만 구워주고 라면만 끓여준다면 솔직히 편한 건 사실이다. 하지만 요즘 시대에 건강 때문에 일부로 줄이는 음식들을 줄이기는커녕 더 많이 먹으니 이일을 어찌하면 좋단 말인가? 인스턴트는 그저 5분 정도만 할애 하면 완성되지만 한식은 손이 얼마나 많이 가는지……. 하면서도 욕이 나왔지만 건강을 생각해 요리해 놓으면 절대 젓가락질을 하지 않으며 자기 좋아하는 반찬 한 가지만을 집어 먹어 때려 죽이고픈 신랑이었다.

남편의 골 때리는 입맛을 보면서 난 아이를 낳으면 입맛만큼은 토종으로 키우리라 다짐했다. 참기름 넣어 조물조물 무친 나물이며 두부며 갖가지 채소들을 넣어 만든 찌개들을 맛나게 퍼먹어주는 아이들을 꿈꿨다. 이유식부터 그렇게 하리라 마음먹었고 커서 먹는 반찬은 무조건 채소 위주로 하리라 마음먹었다. 사람의 입맛은 엄마가 해 주던 대로 길들여진다. 그만큼 아이들의 습관은 엄마에게 달려 있다.

난 결혼하면서 회사를 그만 두었기에 빨리 아기를 가지고 싶었다. 아이는 내 맘과 같이 빨리 내게로 와 주지 않았다. 하루하루 아이를 기다리며 기도를 했다. 남편과 멋진 아이를 갖기 위해 매일 밤 은밀한 계획을 세웠다. 아는 분이 아이 갖기 전에 훌륭한 아이가 태어나기위해 기도하고 경건한 마음으로 관계를 갖는다는 얘기를 들었다. 그 아이는 태어나서도 말썽 한 번 안 피우고 잘 커줘서 자기가 원하는 일을 하며 부모의 효녀 노릇을 했다고 들었다. 이렇듯 아이를 만들 때 정성을 들이면 낳아서는 별로 해줄 일이 없다는 것이다. 우리 부부도 힘들고 지치는 순간이 많았지만 포기하지 않고 정성스레 아이 만들기에 몰입했다. 주위에 똑똑한 아이를 둔 지인에게 부끄러움을 무릅쓰고 아이 만드는 은밀한 방법을 묻곤 했다. 곤란해 하면서도 자신들만의 노하우를 열심히 또 자세히 전수해 주었다. 그리하여 우리 부부는 밤이면 밤마다 정신 일도 하사불성하며 아카데미 남우주연상과 여우주연상 뺨치게 거하게 거사를 치르곤 했다.

삼신할미도 감동했는지 결혼하지 2년이 다 되어 임신에 성공했다. 그렇게 정성스레 남편과 은밀한 계획이 성공적으로 이루어져 우리는 부둥켜안고 울었다. 감동의 세리머니를 했다. 그렇게 어렵게 가진 첫 아이를 위해 난 혼신의 노력을 기울이기로 다짐했다. 내게 엄마라는 타이틀을 안겨준 내 첫 아이를 위해 난 무엇을 하면 좋을까를 매일 생각했다. 은밀하게 위대하게 우리의 계획이 서서히 시작되었다. 밭과 씨가 좋아야 농작물이 잘되듯 밭을 열심히 일궜다. 좋아하던 빵이며 입에 단 음식들을 일제 끊고 아이에게 좋은 것이 무엇인지 열심히 검색했다. 늦은 나이의 임신이라 그런지 남편과 시댁식구들 모두가 걱정이었다. 나 또한 내 뱃속에 나의 생명이 자라고 있다는 생각을 하면 너무 신기하고 경이로웠다. 신께 감사하며 하루하루 기도로 시작했다. 일단 아이의 태명을 축복이라 지었다. 내게로 와 준 축복받은 생명이 바로 내 첫 아이였다. 남편도 신기한지 퇴근하면 내 배에 손을 얹고 대화를 시작했다. 남자의 저음이 아이에게는 더 잘 들리고 정겹다고 했다. 이제 이 인간이 철이 드나 싶었다. 남자나 여자나 부모가 되야 철이 드나 보다.

"축복아, 엄마에게 와 줘서 고마워. 어디 있다가 이제 왔니? 정말 반가워 지금 뱃속에서 무슨 생각하며 있니? 엄마는 우리 축복이 생각으로 항상 설레는데 우리 축복이도 그런 거니? 빨리 열 달이 지나서 만났으면 좋겠구나. 우리 매일매일 이렇게 대화하자 건강하게 태어났으면 좋겠다."

태어나진 않았지만 꼭 옆에 있는 존재처럼 대했다. 하루하루가 행복하고 열 달이 후딱 지나갔으면 했다. 아이를 빨리 만나고 싶어 안달이 났다. 출산스쿨에서 만난 한 산모는 아이 낳는 것도 무섭고 모든 것이 두렵다고 했다. 나에게 행복하기만 한 일이 그녀에게는 부담인 모양이었다. 나도 당신처럼 엄마가 처음이라며 무섭고 두렵기는 하지만 행복한 일이 우리를 기다리고 있는데 힘든 건 잠시일 뿐이라고 다독였다.

출산스쿨에서 왕 언니로서 힘들어하는 산모들에게 독려하고 언니처럼 때론 친정 엄마처럼 대했더니 내 주위에는 어느새 사람들이 들끓었다. 나도 엄마가 처음인데 말이다. 모임이 끝나면 예비 엄마들과 밥을 먹으며 이런저런 얘기를 나누고 서로의 의견들을 나누었다. 아이 낳는 게 두렵다던 예비 엄마는 점점 얼굴이 밝아지며 내가 알려준대로 매일 아이와 대화도 나누고 음악도 들으며 태교에 전념하고 있다고 했다. 서툰 나의 이야기가 엄청난 일을 해낸 거 같았다. 이 책을 쓰는 이유도 여기에 있다. 모든 초보 엄마들에게 경종을 울리고 싶다. 하고 싶은 대로 살다가는 후회할 일이 꼭 생기기 마련이다.

내가 경험하고 알고 있는 지식들을 모든 예비엄마들과 육아초보들에게 전파하고 싶다. 나만 잘살고 내 아이만 잘살아서는 안 된다. 서로 윈윈해야 한다.

건강한 아이 만들기 프로젝트

살면서 가장 중요하게 여기는 것이 건강이다. 그중에서도 내 아이의 건강만큼은 누구나 바라는 일이다. 사람의 욕심은 끝이 없다고 태어날 때는 손가락 발가락 10개씩만 정확히 있기를 바라지만 그것도 잠시 예쁘고 잘생기고 키도 크고 머리까지 좋기를 바란다. 그런데 애를 낳아서 키워보면 다 필요없다. 건강이 최고이다. 아이가 감기만 걸려도 초보 엄마들은 당황하며 큰일이 난줄 안다. 한 명 두 명 낳고 키우다 보면 별일 아니라고 넘기겠지만 말이다. 뱃속에 있을 때부터 아니, 생명이 잉태되기 전부터 엄마 몸부터 가꾸어 놓아야한다. 씨도 좋아야겠지만 밭이 좋아야 농작물이 잘 자라는 것처럼 말이다.

시내 백화점 앞을 지나다 보면 골목에 죽치고 앉거나 서서 담배 피우는 여자들을 심심찮게 본다. 남녀평등인 요즘 세상에 남자만 담배를 피우라는 법이 있냐고 반문하는 이도 있을 것이다. 이건 남녀평등의 문제가 아니다. 여자도 피우고 싶으면 얼마든지 피울 수 있지만 여자는 엄마가 되어야 할 몸이지 않은가? 아기를 가져야할 밭을 잘 관리하지 않으면 절대 씨가 잘 자랄 수 없다. 그 것은 진리이다. 담배를 멋으로 피고 남자들과 동등하고 싶어서 피우는 이들이 라면 절대 그만 두어야 한다. 백해무익한 담배는 본인뿐만 아니라 아기를 망치 는 지름길이라는 걸 말해 주고 싶다. 아니, 외치고 싶다. "여러분, 제발 나중에 후회할일 하지 마세요!" 라고 말이다.

임신을 계획하고 있는 엄마라면 먹는 것, 행동거지, 생각 등 하나에서 열까 지 조심해야할 것 투성이다. 남의 아이를 봐도 그냥 지나치는 법이 없는 나였 기에 내 아이를 빨리 갖기를 원했지만 어쩐일인지 마음처럼 쉽게 되지 않았다. 나이가 많아서일까? 몸에 이상이 있는 걸까? 별의별 생각이 다 들었다. 남들은 쉽게 갖는데 왜 나만 이렇게 힘든 걸까 싶어 혼자 자책했다. 결국 병원에 가서 검사를 받기로 남편과 합의했다. 겁은 났지만 내 아이를 갖기 위한 일이었으니 할 수밖에 없었다.

"여보, 병원에서 이상 있다고 하면 어쩌지?"

"아닐 거야. 너무 스트레스를 받으니까 그럴 거야."

"너무 걱정하지 말고 검사 받아보자."

걱정 때문에 쉽게 잠들지 못하는 나를 남편은 다독였다. 하지만 본인의 속 도 타들어 갔을 것이다. 남편과 병원부터 찾았다. 의사는 몇 가지 검사를 해야 한다고 우리를 겁줬다. 나도 아이 못 낳는 여자가 되는 건가? 별의별 생각이 다 들었다. 남편은 남편대로 여러 검사를 했다. 특히 정자검사를 한다고 의문의 방으로 들어간 남편은 의미심장한 미소를 지으며 나왔다. 다니는 병원에서는 할 수 없는 검사들이 몇 가지 있어서 소견서를 받아 다른 병원에서 나팔관 검 사를 했다. 내 생애 잊을 수 없을 만큼 아픈 기억이다. 주위에 이 검사를 해봤다 는 사람들이 몇 몇 있어서 문의를 했더니 사람마다 느끼는 정도가 달라서일까

의견이 분분했다. 나팔관이 막혀서 정자가 지나가지 못해 임신이 안 되는 경우가 많다고 했다. 나팔관으로 약물을 투여해 잘 통과하는지를 판단하는 검사였다. 수술대 같은 침대에 누워 기도를 했다. 제발 나팔관이 안 막혀있기를 간절히 바랐다. 혹여 라도 막혀 있다면 수술해야 했다. 의사가 들어오기를 기다리는데 다리가 저절로 후들후들거렸다.

너무 긴장해서일까 다리가 마비까지 되고 이상한 기구까지 집어넣으니 나의 백만 불짜리 다리가 1달러짜리 다리로 전락해버렸다. 밑에서 어떤 일이 벌어지고 있는 거지 반 혼수상태였다. 엄살이 심해서 주사 맞는 것도 힘들어 하는 나였으니 이 신?세계는 도대체 뭐란 말인가? 약물을 나팔관에 쏘아 통과할 때 영상을 찍어 막혔는지 여부를 확인해야 하는 것이다. 내가 태어나 맛본 최고의 고통이었다. 참을 만하다던 지인이 때려죽일 만큼 미웠다. 이래저래 지옥 같은 시간이 끝났다. 다른 검사에서도 별다른 소견이 보이지 않았다. 신의 도움인지 나팔관도 이상이 없다고 했다. 택시를 타고 집으로 오면서 펑펑 울었다. 택시기사는 자기가 잘못이라도 했나 싶어 백미러로 힐끔힐끔 나를 주시했다. 이제부터 최선을 다해 최고의 아이를 만드는 게 숙제였다. 생각과 계획대로라면 벌써 임신이 되었어야 했지만 맘처럼 쉽게 천사는 내게 오지 않았다. 날개를 잃은 천사에게 얼른 날개를 달아주고 싶은 심정이었다.

하늘에 계신 그분께 청원을 드렸다. 이제껏 남에게 죄도 안 짓고 착하게만 살았다고 나도 남들처럼 평범한 일상을 달라고 빌었다. 결혼만 하면 아이는 무조건 따라오는 건 줄 알았는데 큰 오산이었다. 의사도 별 다른 이상 소견이 없으니 스트레스 받지 말고 편하게 생각하고 남편과 관계를 가지라고 했다. 남편이 특별한 제안을 했다. 괜히 임신 때문에 스트레스 받는 내가 안쓰러웠나보다.

배우고 싶은 일이나 하고 싶은 일을 찾아서 해 보라고 권했다. 다른 일에 몰두하다보면 이 일은 잠시 잊혀진다고. 이런 제안을 한 남편이 왠지 멋져보였다.

이런 저런 일을 찾아보다 보육교사 자격증 과정이 있었다. 그래! 아이를 좋아하니까 적성에도 맞고 혹여 안 되더라도 내 아이 가르치는데 써먹으면 될 거 같았다. 4년제 대학교에서 진행하는 과정이었는데 집과의 거리는 극과 극으로 다니는데 만해도 1시간여를 투자해야했다. 지하철을 타고 종점에서 기다리고 있는 스쿨버스를 타고 학교로 향했다. 여러모로 불편한 게 많았지만 다양한 사람들도 만나고 좋은 강의도 듣고 캠퍼스를 누비고 다니니 대학시절도 떠오르고 그때로 돌아간 기분이었다. 자연적으로 임신의 스트레스에서 벗어났다.

전공과도 다른 분야라 배우는 모든 것이 새롭고 흥미롭고 하루하루 즐거웠다. 조별로 과제를 하며 대학시절보다 더 열정을 쏟아냈다. 어린 시절부터 미술에 재능이 있던 터라 만들고 그리고 붙이고하는 작업들이 흥미진진하고 재밌었다. 강의 시간이 얼마나 훌쩍 지나가 버리는지 하루가 아쉬웠다. 동기들과 수다도 떨며 맛있는 점심과 커피도 먹고 과제도 하니 갓 입학한 대학생 마냥 들뜨고 하루하루가 기대되고 신났다. 캠퍼스에 앉아 파란 하늘을 올려다보니 예전에 진로를 정할 때 생각이 떠올랐다. 내가 원하는 것과 부모님이 바라시는 게 달라서인지 갈등이 좀 있었다.

"엄마, 나 미술 할래! 미대가면 안 돼?

"뭔 개뼈다귀 뜯는 소리야. 그게 돈이 얼마나 드는데 우리 집 형편 알면서 그런 소리 해?

"내가 하고 싶은 일 을 한다는데 왜 난리야?"

"철딱서니 없는 소리 하고 있네!"

"당신이 좀 말해 봐요."

"……."

옆에서 듣고 있던 아빠는 아무 말도 못하고 밖으로 나가버렸다. 아버지의 사업실패로 가세가 많이 기운 상태였다. 엄마는 쯧쯧 혀를 차시며 내 머리를 쥐어박으시고는 "뭐 저런 게 내 뱃속에서 나왔어!" 라며 문을 쾅 닫고 사라졌다. 그때부터 다짐했었다. 난 커서 절대 우리 엄마 같은 사람은 안 될 거라고 자식이 원하는 건 무조건 들어주겠다고 지금 부모가 되어보니 그때의 부모님 심정이 이해가 되었다. 자식이 하고 싶은 걸 못 해주는 마음은 오죽할까? 지금 내 아이들이 원하는 것을 다 못해줄 때면 그 시절 쓸쓸히 나가시던 아버지의 모습이 떠오르며 나도 슬그머니 자리를 뜨곤 한다.

과제 중 보육교사 실습이 있었다. 어린이집에 나가게 되었는데 규모는 그리 크지 않고 원아들도 많지는 않았다. 처음 접해보는 일이라 생소하고 서투르기 그지없었다. 어린이집은 그야말로 전쟁이었다. 영아부터 7세까지 다양한 아이들이 울고 보채고 싸우며 내 혼을 쏙 빼놓았다. 집에만 오면 녹초가 되어 소파에 퍼드러져 있었다. 육아는 전쟁이라걸 다시금 실감하는 계기였다. 하지만 내 아이와 얼른 육아전쟁을 하고 싶었다. 그 전쟁이 비록 장미전쟁, 백년전쟁일 지라도. 힘들다가도 원에 아이들을 보면 그 엄마들이 어렴풋이 떠올라 "정신 빠짝 차리자."를 연발하며 힘들고 고달픈 실습을 이어갔다.

그러던 중 결석해서 못 보던 아이가 엄마와 등원을 했다. 한 눈에 봐도 장애라는 게 느껴졌다. 안면 기형이었다. 그런 아이를 돌보며 마음이 짠하고 가슴한 구석이 먹먹했다. 정성껏 그 아이와 눈을 맞추고 놀아줬다. 다른 아이보다 그 아이에게 더 마음이 가고 손이 갔다. 궁금해서 미칠 것 같았다. 원장님께 아이의 가정사에 대해 들었다. 엄마는 알코올 중독자였다. 술을 입에 달고 산다고 했다. 임신 중에도 자주 마셨다고 한다. 남편과 이혼 후 술을 더 마신다고 했다. 임신 중 음주는 아이의 안면기형을 만든다고 들었다. 100%다. 아이가 너무 불쌍했다. 어른으로서 참으로 미안했다. 무책임한 행동으로 자식의 미래까지 망친 그 엄마가 마냥 미웠다. 다시금 다짐했다. 더더욱 엄마의 생각과 행동은 아이에게 큰 영향을 준다는 걸 깨닫는 계기가 되었다. 그러던 중 몸에 이상 신호가 온 것이다. 임신이었다. 내게도 이런 기쁨이 찾아왔다.

"감사합니다. 감사합니다. 정말 잘 키울게요."

다른 이들에게는 평범한 일이 내게는 기적처럼 느껴졌다. 남편도 아빠가 된다는 사실에 몹시 흥분하며 기뻐하였다. 공부 중이던 보육교사 과정을 계속 이어가고 싶었으나 어렵게 가진 아이라 시댁과 친정에서 더 이상 공부를 이어나가는 것을 반대했다. 거리도 너무 멀고 입덧이 시작되어서 그만둘 수밖에 없었다. 좋은 사람들과 친해지고 새로운 공부를 하게 되어 행복한 시간이었는데 너무나 아쉬웠다. 같이 배우던 동기들도 무척 아쉬워했다. 실습 중이던 어린이집에서도 아이 낳고 다시금 나와 달라고 신신당부를 했다. 여태껏 살면서 직장생활을 하건 모임을 주관하건 책임감 있게 일을 하고 유머러스함 때문인지 꽤 인기가 있고 모두들 좋아했다. 내 아이도 이 점 만큼은 닮기를 바랐다.

임신을 하고 즐거운 일만 있을 줄 알았는데 속이 메스껍고 아무 것도 먹을 수 없어 사는 게 사는 게 아니었다. 임신만 하면 다 될 줄 알았는데 산을 하나 넘으니 산이 하나가 더 있는 게 아닌가?

오로지 먹을 수 있는 건 참외, 수박, 바나나 우유 정도의 가벼운 것 밖에 없었다. 입덧을 하면 별로 좋아하지 않던 것들이 먹고 싶어진다고 하더니 나 역시 가끔 비올 때 먹던 수제비가 왜 그리 먹고 싶은지…. 외할머니가 어릴 때 비가 오면 자주 해줘서 그런가? 어릴 때부터 외할머니가 보살펴 주셔서인지 임신을 하고 나니 부쩍 외할머니의 음식과 생각이 많이 났다. 밀가루를 반죽해 호박과 양파를 넣어 끓여낸 수제비 그 맛이 자꾸 떠올랐다. 수제비도 그나마 병원에 가서 링거를 맞고 온 날만 먹을 수 있었다.

　어릴 적 엄마가 일을 해서 외할머니 손에 키워진 적이 있었다. 다들 말하기를 할머니 손에 키워진 아이는 버릇도 나쁘고 인성적으로 안 좋다고 했는데 꼭 그렇지 많은 않다. 외할머니는 정말 날개 없는 천사였다. 오히려 엄마보다 나의 고민을 들어주고 격려하고 희생하는 분이셨다. 그분이 지금 나의 육아에 큰 도움이 된 것 같다. 손녀가 첫 아이를 임신하니 가장 기뻐하시며 눈물을 훔치시던 할머니의 모습이 생각난다. 고쟁이에서 뭔가를 꺼내어 건 네 주신 건 꼬깃꼬깃 구겨진 만 원짜리 15장, 15만 원이라는 할머니에게는 엄청난 거금이었다. 이 사람 저 사람에게 받아서 모아두신 쌈지 돈을 그렇게 쓰지도 않고 모아두신 것이다. 그 돈을 손녀의 첫 아기를 위해 기꺼이 내어 놓으셨다.

　"할매, 이거 뭔데?"

　"이거 얼마 안 되는데, 먹고 싶은 거 사먹고 아기 태어나면 필요 한 거 사라우."

　"참, 할매 필요한 거 사고 맛있는 거 잡숫지 뭐 이런 걸 모아뒀어?"

　"이제 내가 필요한 게 뭐가 있고 먹고 싶은 게 뭐가 있어? 울 현경이가 언제 이래커서 아이도 갖고 엄마가 됐네? 할매는 참말로 기쁘고 좋아 죽겠어."

　이북출신인 할머니는 말투도 정겹고 음식솜씨도 좋아서 어릴 때부터 남들이 먹어보지 못한 이북음식을 자주 맛보았다. 지금도 할머니가 해주시던 만두, 온반, 장떡, 김치말이 밥이 먹고 싶다. 추운 겨울 할머니 집에 가면 항상 해주시던 별미 음식이 바로 김치 말이다. 동치미를 담그셔서 장독에 숙성시키면 추운 날씨 탓에 동치미에 살얼음이 끼어 정말 환상적이었다. 살얼음 낀 동치미에 밥을 말아 참기름과 깨소금을 넣어 말아먹는 거였는데 겨울철 별미로 제격이었다. 겨울철이면 살얼음 동동 낀 김치말이가 먹고 싶어진다. 할머니는 날개 없는 천사 같은 분이라 주위 사람들에게도 항상 베풀고 나누어주며 사랑을 실천하는 분이셨다. 임신한 지 8개월 즈음 됐을까 소파에 기대어 잠시 잠이 들었는데 잠결에 할머니가 나타났다.

"경아, 잘 있어. 아기도 잘 키우고 예쁜 애가 태어나겠다."

"할매, 어디 가는데?"

"잘 있어."

그러다 놀라서 잠에서 깼다. 꿈이 뭔가 찝찝하다고 생각하는 찰나에 전화벨이 울렸다. 엄마였다. 할머니가 방금 돌아가셨다는 전화였다. 신기하게도 꿈에서 제일 좋아하던 손녀딸에게 마지막 작별인사를 하고 떠나셨다.

할머니의 첫 증손주가 태어나기 2달 전 이었다. 아기가 태어나는 걸 보고 가셨더라면 얼마나 좋았을까? 얼마나 우리 딸을 예뻐하셨을까? 내리사랑이라고 나도 그렇게 예뻐하셨는데 내 새끼는 오죽하셨을까?

"할매, 하늘나라에서 보고 있지? 우리 ㅇㅇ이 잘 보살펴 줘요? 할매 위해 기도많이하고 자주 보러 갈게."

인터넷을 통해 알아보니 입덧이 심할수록 아이가 똑똑하다고 했다. 입덧은 엄마에게 보내는 아이의 신호다. "나를 뱄으니 엄마 조심 하세요 !아무거나 드시지 말고 !아무렇게나 행동하지 마세요! 라는 아이의 경고라고 보면 된다.

입덧이 워낙 심해서 잘 먹지 못하기도 했지만 임신을 알게 된 후부터 서점을 찾아 육아 책들을 섭렵하며 음식이며 태교 등에 전념했다. 내 몸만이 아니기에 내가 자칫 잘못하면 아이에게 큰 죄를 짓는 것 같아 행동거지 하나하나가 조심스러웠다. 그래야 한다. 임신은 축복이며 정말 성스러운 선물이기에 감사히 받아들여 마땅한 보답을 해야 한다. 임신을 하고 예전에 하던 대로 먹고 행동한 다면 그것은 아이에 대한 예의가 아니다.

첫 아이는 너무 똑똑해서 나에게 엄청난 경고를 보낸 셈이다. 그렇게 공을 들인 탓일까 키우면서도 어쩌나 총명한지 놀랄 일이 한 두 번이 아니다. 공든 탑은 쉽게 무너지지 않는다. 아이 주변이나 문화센터 등을 가보면 아토피나 알레르기를 가지고 있는 아이들이 무척이나 많았다. 좋은 먹거리란 비싼 유기농이 아닌 우리나라에서 키워서 수확한 재료들이다. 이 재료들로 만든 음식들을 먹고 자라면 아이에게 탈이 없는 것이다. 난 순전히 이 공식대로 아이들을 키웠다. 그래서인지 건강하게 태어났고 여지 것 아무 탈 없이 잘 자라고 있다.

뱃속의 아이와 대화하라

현모양처가 꿈이었던 나는 어린 나이에 결혼한 것도 아니라 얼른 아이를 갖고 싶었다. 여느 가정처럼 토끼 같은 자식들을 낳아서 예쁘게 키우고 싶은 바람이 있었다. 하지만 임신은 나의 생각과는 다르게 잘 되지 않았다. 마음만 먹으면 쉽게 되는 줄 착각하고 있었던 것이다. 한 번 두 번 실패하니 불안감이 점점 엄습해왔다. 나도 주위에 아이를 못 갖는 여자들처럼 부쩍 주눅 들어 매일을 보냈다. 남들은 뭐든 쉽게 되는 것들이 나에게만 힘들게 느껴지는 듯했다.

"오, 신이시여. 저를 어여삐 여기시어 아이를 보내주세요." 하고 매일 밤 기도를 하며 눈물을 삼켰다. 신께서도 나를 가상히 여기셨는지 2년여 끝에 축복의 선물을 안겨주셨다.

어렵게 엄마가 된 이들은 모두 공감할 것이다. 빨간색만 봐도 깜짝깜짝 놀라고 임신테스트기를 시험 할 때마다 심장이 쿵쾅쿵쾅 거리고 2년여를 그렇게 천국과 지옥을 오가며 살았다. 포기하고 있을 때 소리 없이 나에게 와준 아이,

기적이 따로 있는 게 아니었다. 첫 번째 기적을 맛본 셈이다. 뱃속에서 나의 생명이 꿈틀대고 자라고 있다는 게 신기하고 하루하루가 행복해서 미칠 것 같았다. 부정적이던 생각들을 단숨에 긍정적인 마인드로 바꿔준 아이가 너무 고맙고 사랑스러웠다. 남편도 기뻐서 어쩔 줄을 몰라 했다. 오히려 어렵게 가진 아이라 더 소중히 느껴지고 감사한 마음이 컸다. 남들처럼 태명도 짓고 갑자기 할 일들이 많아져서 행복한 비명을 질러댔다. 남편과 상의해서 태명을 짓기로 했다. 별로 말이 없는 남편도 조잘조잘되며 흥분된 상태였다. 쉽게 아이를 가졌다면 누릴 수 없는 행복이었을 것이다.

"사랑이. 소망이. 대박이. 어떤 게 괜찮아?"

"난 대박이도 괜찮은 것 같은데."

남편이 생각해둔 태명과 내가 염두 해둔 태명을 조심스레 꺼내 났다.

"난 그것들도 좋긴 한데 어렵게 우리 곁에 와준 아이니까 축복이가 어떨까?"

남편도 좋다며 동의했다. 이렇게 우리의 첫아이에 태명이 지어졌다. 우리부부에게도 모든 사람에게도 어렵게 얻은 아이라 축복받으며 잉태됐고 축복받으며 자라기를 바라는 마음에서 탄생된 태명이다. 몸속에 나의 생명이 자라고 있다는 게 실감이 나지 않아 눈뜨면 볼을 꼬집어 보는 게 일상이 되었다. 어렵게 얻은 만큼 소중히 잘 만들어서 세상에 내놓고 싶었다. 하루하루가 감사하고 행복이 넘쳐났다. 눈을 뜨면 커튼을 열어 제치고 뱃속의 아이와 대화로 하루를 시작했다. 임신초기라 배는 나오지 않았지만 자연적으로 손은 배 위에 올라와 있었다.

"우리 축복이 잘 잤니? 오늘은 날씨가 정말 좋구나! 햇살이 눈부시고 엄마가 좋아하는 날씨란다. 오늘은 모차르트 음악을 들어 볼까?"

남들이 보면 그저 평범한 일상을 뱃속의 아이와 하나가 된 것처럼 매일 이야기를 나누었다.

그런 엄마의 말에 화답이라도 하듯이 아이는 태동으로 나에게 보답했다. 발로 뻥뻥 차며 저 도요 저 도요를 외치는 것 같았다. 거리를 지나갈 때도 예쁜 꽃이나 신기한걸 보면 연신 아기와 대화를 나누었다.

"우리 축복이도 저 꽃처럼 예쁘고 향기롭게 태어 나거라."

"엄마는 안개꽃이랑 칼라를 좋아해."

다른 사람이 보면 이상해 보일수도 있겠지만 개의치 않고 열정적으로 아이와 교감했다. 모차르트 음악을 들으며 차를 마시고 육아 책들을 보며 마음의 안정을 찾았다. 임신이 되고 얼마 안 돼 입덧이 찾아왔다. 주위 지인들이자 육아선배들에게 물어보니 입덧을 한 사람이 거의 없었다.

인터넷과 기사들을 찾아봤다. 감사하게도 입덧은 엄마가 좀 괴로운 일이긴 하지만 아이에게는 정말 좋고 똑똑한 아이가 태어날 확률이 높다고 나와 있었다. 왜냐하면 별나게 입덧을 하는지 따지고 싶었지만 이런 기사를 접하고 보니 나는 좀 힘들어도 아이에게 좋은 것이니 즐겁게 받아들이기로 했다. 친정엄마도 입덧은 심하게 하진 않았지만 그 짧은 시기 동안은 무척 힘들고 고통스럽다고 하셨다.

"어휴, 우리 딸 어렵게 아이 가졌는데 입덧까지 와서 어떻게 하니! 뭘 좀 해줘야 먹을까?"라며 딸의 입덧을 걱정스레 지켜볼 수밖에 없었다.

3개월부터 시작된 입덧은 7개월여까지 지속되었다. 남들은 임신을 하면 10~15kg 많게는 20kg씩 살이 찐다는데 오히려 나는 임신하고 살이 빠져 몰골은 소말리아 난민이었다.

밥 지을 때 나는 구수한 냄새와 고소한 참기름 냄새가 역겹고 토할 것 같았다. 냉장고만 열면 나는 김치냄새는 도저히 참을 수 없는 고통이었다. 드라마에서 배우들이 '욱'하며 변기로 뛰어가는 모습이 가히 거짓이 아니었다. 먹을 수 있는 건 바나나우유 조금 수박 참외 정도였다. 남들은 임신을 하면 먹고 싶은 게 너무 많아서 남편들이 바쁘다는데 나는 남편이 바쁘기는커녕 오히려 한가해 졌다.

"지질이 복도 없지. 내 팔자에 무슨. 그럼 그렇지." 라며 신세 한탄을 늘어놓기 일쑤였다. 살이 포동포동 찐다는데 오히려 살이 쑥 빠져서 보는 사람마다 진짜 임신한 게 맞느냐고 묻느라 바빴다. 속이 울렁거리고 못 먹으니 누워 있을 수밖에 없었다.

"축복아, 엄마 힘들지만 잘 참고 견딜게." 라며 매일 얘기했다. 하루하루가 고통의 연속이었다. 내가 음식냄새를 못 맡으니 남편의 식사조차 해줄 수가 없었다. 남편은 빵과 시리얼로 대충 때우기 일쑤였다. 내가 못 먹고 있는데 혼자서 꾸역꾸역 먹는 게 왠지 미안하다고 했다. 아빠가 되려면 그 정도는 감수해야 하지 않을까 한다. 먹지 못하고 계속해서 올려대니 위액까지 나오는 지경에 이르렀다. 이러다가는 나뿐만 아니라 아기에게도 안 좋은 영향을 줄 것 같아 얼른 병원을 찾았다. 담당 선생님께서 걱정스런 눈빛으로 긴급처방을 내려주셨다.

"수액을 맞으면 어느 정도 속도 가라앉고 기운도 차리니 맞고 가요."

"네, 선생님 감사합니다."

수액을 맞으니 신기하게도 일주일 정도는 간신히 버틸 수 있었다. 그렇게 임신기간 동안 5~6번은 수액을 맞으며 버틴 것 같다. 생전 먹을 일 없고 비 오면 어쩌다 생각나던 수제비가 입덧을 하니 왜 그렇게 먹고 싶은지 친정엄마가 수제비를 끓여대기 바쁘셨다. 7개월째가 되니 그나마 입덧은 안정세를 취했다.

"요 녀석 얼마나 대단한 녀석이 나오려고 이렇게 엄마를 힘들게 하냐?"

모든 사람들이 입을 댔다. 입덧도 안정세로 접어들고 여지껏 잘 못했던 운동도 시작했다. 운동이라고 해봐야 가벼운 산책 정도이지만 걸으면서도 아이와 쉼 없이 대화했다.

"축복아, 힘들지 않니? 네가 점점 자라니 뱃속이 많이 비좁을 거 같네! 그렇다고 성급하게 못 참고 빨리 뛰쳐나오면 안 돼."

라고 말하자 배를 쾅쾅 차며 말에 화답한다. 그 쪼매한 것이 엄마 말을 알아듣고 화답하는걸 보니 참으로 신기하고 아니 신비로웠다. 무뚝뚝한 남편도 퇴근 후면 내 배에 손을 얹고 축복이 와 대화를 시작했다.

"우리 축복이 오늘하루 어땠니? 엄마랑 재미있게 보냈니? 아빠 보고 싶었지! 아빠도 우리 축복이 보고 싶어서 이렇게 뛰어왔어."

아이는 아빠의 저음에 화답이라도 한 듯 신나서 배를 차기 시작한다. 희한하게도 아빠의 말에는 더 크게 태동으로 화답했다. 남편도 신기해서 아이와 그렇게 대화를 나누며 시간가는 줄을 몰랐다. 집에 귀가할 때면 서점에 들러 태교 동화를 사오곤 했다.

"축복아 아빠가 달라졌어. 너로 인해 많은 변화가 생겼지 뭐니? 정말 넌 우리 집에 축복이 아닐 수가 없구나!"

남편과 나는 아이를 서로 차지하기라도 하듯 대화를 이어갔다. 아기들은 아빠의 저음에 더 반응을 하고 민감하다고 하니 많은 남편 분들도 이제부터 아이와 수다쟁이가 되길 빈다. 10달 동안 정성을 들여 세상에 내어놓으면 그것만으로도 90%가 만들어 진다는 게 경이롭기까지 하다. 그러니 어찌 태교를 하지 않을 수 있겠는가? 어떻게 생겼으니 낳는다는 말을 할 수 있겠는가? 무슨 일에든 정성을 들이면 절대 배반하지 않는다는 것을 명심하자.

나도 엄마가 처음이다

엄마란 단어를 들으면 어떤 누군가는 설레고, 눈물 나고, 보고 싶고 여러 가지 감정이 떠오를 것이다. 난 엄마와 끈끈한 정이 없어서인지 결혼해서 아이를 낳으면 서로 죽고 못 사는 관계를 만들어야지 하고 다짐했었다.

내가 엄마라고 부르다가 불림을 당하면 어떤 기분일까? 참 신기하고 믿기 지 않을 것 같고 흥분되고 하여튼 복잡 미묘한 기분이 들 것 같다. 어릴 때부터 꿈이 현모양처였다. 좋은 엄마와 좋은 아내 그 이상 더 바랄 게 뭐가 있겠는가? 가화만사성이라 하지 않았는가? 가정이 화목하고 기본이 잘 돼야 무슨 일이든 잘 되고 행복한 법이다. 어떤 누구는 지금 시대가 조선시대도 아니고 고리타분 하게 현모양처를 운운하냐고 할지도 모르겠다. 온고지신이란 말도 있지 않은 가? 옛것의 좋은 것도 지키면서 새로운 것도 배워나가야 한다.

일찍 결혼한 친구들을 보면 속도위반을 해서 부랴부랴 등 떠민 듯 엄마가 돼서 그런지 아이를 대하는 태도나 말투를 보면 이해되지 않는 부분이 많았다.

그래서 난 엄마가 될 준비를 완벽하게 한 뒤 결혼해야지 하고 결심하곤 했다. 친구들 중에 가장 빨리 결혼한 친구는 미팅에서 만나 첫눈에 불이 붙어 그만 요르단 강을 건너고 말았다. 뭐가 그리 급했는지 아이라는 혼수부터 장만해서 는 부랴부랴 결혼을 한다고 난리를 치더니 몇 년이 지난 후 요르단 강을 거슬러 온다고 했다.

"어이구, 가시나 내가 첨부터 알아봤다. 결혼은 그렇게 하는 게 아니야. 뭣이 그리 급하다고 애 먼저 덜컥 가져서는."

"내가 뭐 이렇게 될 줄 알았나?"

내 친구의 아이도 부모의 잘못된 선택으로 낙동강 오리알 신세가 돼 버렸다. 아이는 무슨 죄인가? 다 그런 건 아니겠지만 그냥 즐기다 덜컥 아이가 생겨버리면 서로 미루다가 낙태까지 하게 되고 결국에 여의치 않으면 입양을 보내 아이의 인생을 송두리째 망쳐버린다. 이것은 아이의 선택이 아니다. 결국 부모의 무지함과 탐욕으로 빚어낸 비극이다. 수영을 하기 전에도 준비운동이라는 걸 하는데 하물며 부모가 될 사람들이 생각과 준비도 없이 부모가 된다면 자격이 없다. 어릴 때부터 아이를 좋아해서 인지 유모차를 끌고 가거나 아기 띠에 업혀있는 아기를 보면 그냥 지나치질 못했다.

"아이고, 예뻐! 까꿍까꿍. 내 아이도 아닌데 이렇게 예쁜데 내 새끼면 얼마나 예쁠까?" 하고 생각했었다.

내가 초등학교 다닐 당시(그 당시에는 국민 학교였음)에는 집에서 애기들을 돌봐주는 일을 많이 했다. 엄마도 우리 학비라도 벌 요량으로 같은 동네에 맞벌이하는 분 아이를 돌봐주셨다. 아기를 좋아하던 나는 대 환영이었다.

"엄마, 학교 갔다 와서 아기 내가 볼게. 지금이라도 동생하나 낳아주지?"

그러다 등짝에 스매싱을 당했다. 수업이 얼른 끝나기만을 기다리며 놀자는 친구도 뿌리치며 곧장 집으로 왔다. 아기는 나를 몇 번 봤다고 낯설어 하지도 않고 방긋방긋 웃어주었다. 이때부터 이었을까? 얼른 어른이 돼서 아이를 낳고 싶었다. 남의 아이도 이렇게 예쁜데 내 새끼는 오죽하랴? 결혼해서 건강하게 아이를 낳아 정성스럽게 키워야겠다고 어린마음에 다짐했었다.

아이가 생기고 신비로움과 흥분도 잠시 걱정꺼리도 많았다. 모든 걸 완벽하게 하고 싶었지만 현실은 빡셌다. 하지만 모든 초보엄마들의 고민거리였기에 이것저것 정보를 찾아보며 슈퍼우먼이 되기로 결심했다. 책은 우리가 경험하지 못한 것들을 알려주는 최고의 지침서이다.

"엄마야, 엄마야." 라고 입버릇처럼 나오는 이 말은 곧 우리와 땔레야 뗄 수 없는 관계임을 얘기한다. 나중에 내 아이도 엄마, 엄마하며 모든 걸 내게 물어와도 거침없이 대답해 줄 수 있는 그런 부모이고 싶다. 무슨 일 이건 처음이면 두려움도 있지만 설렘이 더 크게 마련이다. 설렘은 우리를 잠 못 들게 하고 다크써클을 내려오게 할 만큼 열정적으로 만든다. 이 모든 열정이 엄마이기에 가능하다.

임신하고 병원에서 하는 모유수유 및 마사지 강좌가 있어 등록했다. 내 또래 임신차월의 임신부들이 많이 보였다. 뭐라도 하나 건질 게 없나 싶어 눈이 반짝반짝 빛났다. 학창시절 이렇게 열심히 듣고 메모를 했다면 SKY는 떼어 놓은 당상이었을 텐데 말이다. 수업을 마치고 모여 이런저런 일들을 공유해 가며 친해졌다. 나이, 성격 ,생김새 모두가 제각각이었다. 20대 중반, 후반, 30대 초반, 중반, 들로 이루어졌는데 확실히 어린엄마는 표가 났다. 나는 결혼도 30에 해서 그 당시에는 늦은 편이고 임신도 결혼 후 2년 만에 생긴 거라 그중 첫째엄마로는 제일 나이가 많았다. 그중 어린 엄마가 힘들어 죽겠다고 불평불만이 많았다.

"배가 나오니 너무 힘들어요. 잠도 많이 오고 살도 많이 찌고 진짜 죽을 맛이에요."

아무렇지도 안은 듯 내뱉었다. 난 농담 반 진담으로 "에이, 아기가 다 듣겠다. 그래도 그런 불편함보다 더 큰 기쁨이 우릴 기다리고 있는데 참고 기다려 봐요. 우리." 라며 철없는 엄마를 다독였다. 이런 사람들을 보면 화가 나고 한 대 쥐어박고 싶은 심정이다.

"너희 엄마도 널 그렇게 힘들게 키우셨어! 알고나 있니? 제발 이제는 철 좀 들고 너 같은 자식은 안 만들어야 하지 않겠니?'라고 얘기해준다. 속으로 말이다.

나도 착한 딸은 아니었지만 속 썩인 일도 없고 그냥 무난하게 자란 것 같다. 지금 생각하면 엄마가 태교를 조금만 더 잘했더라면 공부 쪽으로 나가지 않았을까 하는 아쉬움이 남는다. 그래도 이 정도의 인성을 가지고 태어난걸 보면 태교라기보다는 맘을 편안히 갖고 임신 생활을 한 것 같다. 여자로서의 삶은 살아봤지만 엄마로서의 삶은 처음이었다.

남편과 아이의 성별이 무엇일지 얘기하니 아들이던 딸이던 상관없다면서도 왠지 아들을 선호하는 느낌이 들었다. 나는 딸이기를 바랐다. 그것도 나를 닮지 않은 예쁜 딸. 임신인 걸 알고부터 집안 곳곳에 보이는 곳에 예쁜 아이의 사진을 출력해서 붙여놓고 기도했다.

"하느님, 제발 이 아이처럼 예쁘게 건강하게 태어나게 해 주세요." 남편과 내 얼굴은 극히 평범해서 이런 얼굴로는 경쟁력이 없다고 생각했다. 밤이나 낮이나 비가 오나 눈이오나 사진을 보고 아이와 대화를 했다. 그 사진속의 아이가 내 아이인 것처럼.(지금에 와서 얘기지만 아이는 정말 사진속의 그 아이를 닮아서 예쁘게 태어났다) 독자 여러분께 꼭 강추하고 싶다.

친정언니가 귀에 못이 박히게 하는 이야기이다. "ㅇㅇ이는 너랑 제부를 전혀 안 닮았어!"

감사히 생각한다. 난 어렸을 때 외모 때문에 부모님을 원망한 적이 많았었다. 다 철없던 시절 이야기가 돼 버렸다. 이렇게 바르게 키워준 부모님께 감사드린다. 이제는 엄마라는 타이틀을 하나 더 챙겼으니 못할 것도 없고 무서울 것도 없다. 엄마로서 무지한 사람들을 보면 붙잡고 가르쳐 주고 싶다. 이 책을 쓰는 이유도 여기에 있다. 내가 경험하고 놀라운 일들을 예비 엄마들에게 공유하고 알려주고 싶다. 그래서 내 책을 읽은 독자만이라도 현명하고 지혜롭게 아이를 키우기를 바란다.

"어머니 , 아이가 위험해요. 조금만 힘을 주세요!"

한마디에 혹시 아기가 잘못될까봐 온 얼굴에 실핏줄이 터지도록 힘을 준다. 그냥 여자라면 포기 할 수 있는 일들을 엄마이기에 해내는 것이다. 나도 엄마가 처음이지만 독한 마음으로 준비하고 공부하고 실천했기에 가능한 일이었다.

"여자는 약하지만 어머니는 강하다."

라는 말을 새기며 처음 하는 엄마놀이를 멋지게 성공시킬 것이다.

입덧 즐기기

결혼하기 전 드라마를 보면 임신한 여자가 음식 냄새를 맡고는 "우욱"하고 화장실로 뛰어 들어가는 걸 보면 너무 과장한다고 생각했다.

"저 여자 좀 오버하네. 뭔 입덧을 저렇게 과하게해."

옆에서 듣고 있던 엄마가 입덧하면 원래 저러는 거라고 심한 사람은 변기통 붙들고 있어야 한다고 하셨다. 엄마도 입덧을 심하게 하진 않았지만 특히 밥, 참기름, 김치 냄새 때문에 힘들었다고 했다. 그때까지만 해도 그 말을 믿지 못했다. 입덧을 안 하고 지나가는 사람도 많아서 그다지 신경 쓰지 않았다. 어릴 때부터 현모양처가 꿈이었기에 빨리 결혼해서 듬직한 남편과 토끼 같은 자식을 낳아 행복하게 살고 싶었다. 하지만 나의 바람처럼 적절한 시기에 남자가 나타 날 리 만무했다. 마음은 초조하고 명절이 돌아오는 게 겁이 났다.

"현경이 올해 몇이고? 사귀는 사람 없나? 나이만 자꾸 저래 묵고 어떡하겠니? 중매라도 서야지 안 되겠네."

보는 친척들 마다 시집못간 노처녀를 어디든 팔아넘기려 안달난 사람들이었다.

"흥칫뿡, 이제 명절에 여기 내려오면 문 현경이 아니라 김현경이다. 이씨~ 항상 명절 끝은 결혼스트레스로 마무리를 하곤 했다.

"신이시여, 제발 저에게 멋진 남자를 보내주세요." 하고 매일 밤 기도를 드렸다. 신도 내 기도에 감동이라도 했는지 착하고 멋진 남자를 제게 보내 주셨다. 거기다 남편은 나보다 1살 연하였다. 친구들과 직장 동료들이 능력 좋다고 다들 우러러 봤다. 우린 그렇게 2년여를 뜨겁게 사랑하며 드디어 날 무시하던 친척 앞에서 보란 듯이 결혼식을 올렸다. 그와 저녁에 헤어지지 않아도 되고 항상 함께여서 좋았다. 이래서 모두 결혼을 하나보다. 30을 넘긴 나이라 시댁에 서며 친정에서도 얼른 아이가지는데 힘쓰기를 바랐다. 나이는 있지만 그래도 신혼을 즐기고 싶은 마음이 있어서 급하게 가지지 말자고 남편과 합의를 했었다.

결혼 후 1년이 지나 본격적으로 임신계획을 세워 아이 가지기에 돌입했다. 하지만 매번 실패였다. 마음만 먹으면 쉽게 가질 줄 알았다. 내 생각이 틀렸던 것이다. 슬슬 마음이 초조하고 불안하고 우울했다. 밖에서 임산부만 봐도 괜시리 눈물이 났다.

"왜 내 인생은 순탄하지가 않고 쉬운 게 없지. 신이시여, 제가 뭘 그렇게 잘못했나요? 말씀해 보세요?"라며 성당에 가서 원망을 쏟아냈다. 그러고 나면 마음이 좀 후련해지고 초조함이 사라졌다. 하루하루를 우울하게 보내는 내게 남편은 다른 쪽으로 관심사를 돌려보라고 얘기 해주었다.

"그래, 임신이 안 되면 우리끼리 알콩달콩 살면 되지. 그래, 결심했어!"

난 공부를 더 해보기로 했다. 대학 때 전공과 다른 보육교사를 과정을 수료

하는 게 있어 등록했다. 나중에 아이를 다 키우고도 할 수 있는 일이고 내 아이를 키우면서도 많은 도움이 될 것 같았다. 새내기 신입생이 된 것처럼 들뜨고 언제 그랬냐는 듯 우울감은 저 멀리 사라지고 없었다. 같이 공부할 동기들과도 친해져서 학교 다니는 게 재미있고 임신 스트레스는 온데간데없었다. 새롭게 배우는 공부, 조별 과제, 리포트 모두 새로웠다. 예전에는 마지못해 하던 것들이었는데 신이 나서 척척 해 냈다. 우울감에 빠져있던 내가 확 달라진 걸 보고 제일 기뻐한 사람은 남편이었다. 하지만 집과 학교가 극과 극이어서 그걸 가장 걱정스러워 했다. 매일 피곤해서 지쳐 잠든 날 보고 안쓰러워 했다. 그러던 중 몸에 이상 신호가 왔다. 뭔가 느낌이 이상해서 약국에서 임신 테스트기를 샀다. 남편에게도 비밀로 했다. 그 작은 걸 손에 들고 바들바들 떨었다. 여느 때보다 눈이 일찍 뜨였다. 아침 첫 소변을 받아 테스트기에 담갔다.

"제발 두 줄이길."

손과 몸이 부들부들 떨렸다. 눈을 질끈 감고 속으로 초를 센 후에 눈을 떴다. 두 줄이었다. 생전 처음 보는 두 줄. 기쁨의 눈물이 하염없이 흘렀다. 자고 있는 남편을 흔들어 깨우니 울고 있는 나를 보며 깜짝 놀랐다.

"여보, 임신인가봐. 두 줄이야. 설마 이거 잘못된 건 아니겠지? 나 좀 꼬집어 봐, 꿈 아니지?"

우린 얼싸안고 기쁨의 눈물을 흘렸다. 아직 확실한 건 아니니 병원에 가서 알아보자고 했다. 병원 문이 열리자마자 진료와 검사를 받고 초초하게 기다렸다.

"문현경 님, 들어오세요!"

"아이고, 축하합니다. 오래 기다리셨는데, 임신이네요."

"감사합니다. 감사합니다."

"임신 초기니 각별히 조심하시고 좋은 생각 많이 하시고."

담당 선생님께서는 인상 좋은 남자분이었는데 얼마나 자상하게 세심하게 알려주시는지 정말 감사했다.

집으로 돌아오는 길에 몹시도 기다리셨을 시댁 부모님과 친정엄마께 기쁜 소식을 알려 드렸다. 두 집안의 첫 아이인지라 온 마음을 다해 기뻐해 주셨다. 이제 본격적으로 태교에 전념했다.

좋은 생각과 아이와의 대화, 좋은 음식 ,예쁜 것만 보며 행복을 만끽하고 있을 즈음, 불청객이 찾아왔다. 3개월에 접어들 때 쯤부터 입덧이 시작된 것이다. 그 말로만 듣던 것을 내가 겪고 말았다. 아무것도 먹을 수가 없고 구역질이 났다. TV에서 봤던 오버하던 배우와 엄마가 하신 말씀이 주마등처럼 지나갔다. 또 한 번의 시련이었다. 못 먹는 딸을 위해 엄마는 바리바리 싸오셨지만 도로 가져가셔야했다. 그 좋아하던 딸기며 과일들도 입에 대기는커녕 냄새만 맡아도 속이 울렁거리고 미칠 것 같았다. 먹은 것이 없으니 힘이 없어 계속 시체처럼 누워만 있어야 했다. 사람이란 참 간사한 존재 같다. 아이가 안 생길 때는 생기면 뭐든 할 것 같이 하다가 입덧 좀 한다고 괜히 가져서 이 고생을 한다 싶어졌다. 그러다가도 이러면 안 되지 하고 생각을 고쳐먹고 뱃속 아이에게 용서를 구했다.

"아가, 미안해. 엄마가 잠시 헛생각을 했네. 이제 절대 그런 생각 하지 않을게 용서해줘."

입덧도 엄마만이 누릴 수 있는 특권이라고 생각하니 마음가짐이 달라졌다. 억지로라도 조금씩 아이를 위해 먹어보기로 했다. 바나나우유, 참외, 수박, 정도만 겨우 먹을 수 있었다. 조금 먹으면 다 올려버렸지만 그렇게 조금씩 버텨 나갔다. 나중에는 다 토해내고 위액까지 나오는 지경에 이르렀다. 얼굴은 점점 소말리아인처럼 말라갔고 임신한 배는 오히려 처녀 때 보다 홀쭉했다. 기뻐해야 하나 ! 어째야 하나! 이런 나를 보고 남편은 걱정스레 말했다.

"이러다가 사람 잡겠다. 내일 당장 병원 가 보자."

나를 생각해서인지 아이를 생각해서인지 모르겠지만 어찌됐건 감동이었다. 다음날 담당 선생님을 만나 진료를 받으니 입덧 심한 사람들이 꽤 있다고 하셨다. 링거를 맞으면 기운도 나고 영양 보충도 되니 심할 때마다 와서 맞으라고 하셨다. 신기하게도 링거를 맞고 오니 기운도 나고 울렁거림도 없어져서 며칠 간은 먹고 싶은 음식도 먹을 수 있고 정말 살 것 같았다. 어릴 적 비올 때 면 끓여주시던 수제비가 생각나서 엄마께 부탁했더니 한달음에 달려오셔서 먹음직스럽게 해주셨다. 오랜만에 맛있게 먹는 모습을 보니 엄마도 기뻐하셨다. 속도 편하니 잠시 소홀했던 아이에게 신경을 쏟을 수 있게 되었다.

"아가, 엄마가 몸이 안 좋아서 그 동안 신경을 못 썼어. 미안해. 그래도 잘 자라고 있지?"

컨디션이 좋은 틈을 타 책도 보고 음악도 들으며 다시는 경험하지 못할 이순간도 즐겁게 즐겼다. 입덧의 원인과 증상 등 여러 가지 정보들을 알아보니 기분 좋게도 입덧이 심하면 심할수록 아이는 똑똑하다고 했다. 이 얼마나 감사한 일인가? 엄마에게는 고통스러운 일이지만 아이에게는 더할 나위 없이 좋은 일이니 꿋꿋이 참고 견디리라. 엄마가 먹는 음식에 따라 아이의 성장과 건강이 달려있다고 하니 임신 중에는 아무거나 먹어서는 안 될 것 같다. 아이의 뇌 발달에 좋다는 엽산이 많이 들어 있는 음식들과 채소 과일 등을 중점적으로 먹었다. 모든 먹 거리가 내가 아닌 아이 위주로 바뀌어졌다. 장을 볼 때도 영양소와 아이와 나에게 좋은 것들로 골랐다. 엽산이 많이 들어있는 음식들은 하루가 멀다 하고 먹었다.

과일도 골드키위에 엽산이 많이 들어있어서 매일 챙겨 먹었다. 다른 산모들은 자기가 먹고 싶은 걸 먹으며 스트레스를 푼다는데 이럴 때 아니면 언제 남편한테 먹고 싶은 거 사달라고 투정부리고 하겠느냔 말이다. 나는 전적으로 내 위주가 아닌 아기 기준의 식단을 만들어 먹었다. 나라고 왜 빵이며 과자, 라면이 먹고 싶지 않았겠는가? 하지만 태어날 아기를 위해 약간의 불만이 없진 않았지만 아이를 위해 나를 위해서라면 이 정도는 감수해야 했다. 빵쟁이로 통할 만큼 빵을 좋아했지만 임신 후에는 빵을 거의 먹지 않았다. 다행히도 먹고 싶은 것들이 비빔밥 같은 한식이라 자연스럽게 신토불이 식단을 먹게 되었다. 채소와 나물들을 넣어 만든 건강 비빔밥과 버섯 비빔밥을 자주 해 먹었다. 그래서인지 딸아이는 비빔밥을 엄청나게 좋아한다.

7개월에 접어드니 입덧은 점점 좋아져서 링거투혼을 벌이지 않아도 되었다. 처음 입덧을 접하고는 죽을 만큼 힘들었지만 조금씩 몸이 적응해 가니 이 또한 필요해서 주시는 거구나 라는 생각이 들었다. 아이를 갖고 입덧을 하고 그 과정을 거치면서 많은 것을 배우고 느꼈다. 엄마가 된다는 것은 인내와 고통을 이겨내야 하고 책임감도 뒤따른다. 점점 배가 불러올수록 아이와의 만남이 가까워져 왔다. 하루하루가 설레고 행복했다.

"아가, 건강하게 자라서 만나자."

위대한 탄생

2006년 12월 5일 저녁 대구의 한 산부인과에서 3.44kg의 어여쁜 여자아이가 태어난다. 그 아이는 커서 훌륭한 아이로 자라 이름을 널리 알리게 될 것이다. 그 아이가 바로 나의 첫아이이다. 분만 예정일을 며칠 남기지 않은 12월 4일 밤 자려고 누웠는데 뭔가가 주르륵 흐르는 느낌이 났다. 자고 있는 남편을 깨웠다.

"여보, 양수가 터졌나봐. 뭐가 주르륵 흐르는데."

"그래? 잠깐만 인터넷 한 번 뒤져보자."

참 무딘 남편은 얼른 병원에 갈 생각은 하지 않고 인터넷을 뒤지기 시작하더니 아기 나오기 전조 증상이니 내일 아침 일찍 가보자고 했다.

나도 첫아이고 아무것도 모르는 상태에서 계속 흐르는 것 같지도 않고 해서 그냥 잠을 청하고 다음날 급히 병원으로 갔다. 담당 선생님께서 노발대발했다.

"어떻게 양수가 흐르는데 바로오지 않고 참나."

"그게 얼마나 위험한 상황인지 몰라요?"

난 남편과 눈이 마주치자 속으로

"저 인간 때문에 10달 고생하고 정성들여 키운 아이가 잘못되면 어쩌지?"

하고 원망스런 눈으로 째려 봤다. 담당 선생님께서 얼른 분만대기실로 가서 준비하라고 하셨다. 양수가 터진 상태라서 유도분만을 해야 했다. 옷을 갈아입고 대기실 침대에 누워 유도분만제를 투여하고 진통이 오기를 기다렸다. 침대마다 진통과 분만을 기다리는 산모들이 한가득이었다. 여기저기서 울음소리와 살려달라는 고함소리에 점점 대기실은 공포로 가득차기 시작했다. 유도분만 투여 약을 조금씩 늘일수록 진통이 더해왔다.

초산이라 분만이 늦어질 수 있다고 주위에서 겁을 줘서 공포는 극에 달했다. 옆 침대의 산모는 어젯밤에 들어와서 유도 분만을 시도하다 결국 오랜 시간 진통만 겪다가 제왕절개수술을 받으러 갔다.

"여보, 나도 저렇게 되면 어떡하지?"

자연분만, 모유수유를 나도 꼭 하고 싶었다. 모든 엄마들의 바람일 것이다. 다행인 것은 진통의 강도가 쎄지고 자궁도 정상적이어서 자연분만의 가능성이 높아지고 있었다. 극심한 고통이었지만 다행스럽고 감사했다.

"아가, 조금만 더 참자! 엄마도 힘들지만 참고 견딜게."

딸의 첫 출산을 지켜보러 오신 친정엄마께서 아파하는 모습을 보며 눈물을 흘리셨다. 본인이 겪으셨던 산고가 기억나서인지 내가 대신 아파주고 싶다며 흐느끼셨다. 남편도 처음 경험해 보는 일에 당황하여 어찌할 줄 몰라 했다. 오전11시에 대기실에 들어가 8시간여 진통을 겪고 7시가 넘어 분만실로 옮겨졌다. 남편과 친정엄마를 뒤로하고 무시무시한 분만실에 도착하니 목소리 쩌렁쩌렁한 분만 간호사가 똑바로 힘을 주라고 군대 군기반장처럼 소리를 지른다.

그 분위기와 목소리에 압도되어 젖 먹던 힘까지 쏟아내며 힘을 주었다. 실핏줄과 모든 힘줄이 다 터지는 느낌이었다. 분만실 천장이 노랗게 보였다.

"아, 이제 죽는 건가?"

몸에서 뭔가가 쑥 빠지는 처음 경험해보는 느낌과 함께 아이의 우렁찬 울음소리가 났다. 끝났다. 내가 해냈다. 온몸에 힘이 쫙 빠졌다.

"축하합니다. 예쁜 공주님입니다. 손가락 10개, 발가락 10개 맞고요"

2006년 12월 5일에 귀한 아이가 태어난 것이다. 아이의 입안에 이물질을 제거하고 탯줄을 자른 뒤 내 품에 안겨주었다. 아이는 불빛을 향해 눈을 뜨려고 안간힘을 쓰고 있었다.

"아가, 반가워. 내가 네 엄마야. 건강하게 태어나 줘서 고마워. 사랑해."

엄마가 됐다는 감동과 해냈다는 감격의 눈물이 주르륵 흘렀다. 남편이 고생했다며 위로해주었다. 다시금 엄마들이 위대해 보였다. 엄마가 되 보면 엄마 마음을 안다고 친정엄마께 못되게 굴고 모진 말들로 마음을 아프게 했던 게 생각났다.

"엄마, 죄송해요. 제가 더 잘할게요."

역시 엄마가 돼봐야 부모 마음을 이해한다고 엄마도 나를 낳기 위해 이렇게 고생한 걸 생각하니 낳아 주신 것만으로도 효도를 해야겠다는 생각이 잠시나마 들었다.

병실로 옮겨져 정신을 차리니 꿈인지 현실인지 분간이 안 갔다. 배가 좀 들어간 걸 보니 아이가 나온 건 분명한 사실이었다. 얼굴에는 산고의 고통이 고스란히 남아있었다. 눈은 온통 실핏줄이 터져있고 얼굴은 퉁퉁 부어 사람몰골이 아니었다. 지인들의 축하 꽃다발이 위대한 탄생임을 알려주는 듯했다.

식당을 운영하셔서 바쁘신 시부모님께서도 한걸음에 달려와 축하해 주셨다. 황씨 가문에 첫 아기를 안겨줬기에 어깨에 힘이 빡 들어갔다. 첫 손주의 얼굴을 보고 싶으신 부모님과 아이면회를 하러 갔다.

신생아실의 커튼이 열리고 아이들의 모습이 보였다. 아이를 보러온 사람들이 환호성을 질렀다. 전부 자기 아이를 찾느라 정신이 없었다. 한눈에 내 아이를 알아볼 수 있었다. 간호사가 아이를 안고 유리쪽으로 와주었다. 시부모님이 신기하신 듯

"아이고, 예뻐라! 우리 아기, 할미야. 할미. 당신도 한마디 해보이소."

"으흠, 우리 손녀 건강하게 잘 자라라."

원래 말수가 없으신 아버님께서 큰맘 먹고 첫 손녀에게 덕담을 해주었다. 분만실에서 눈도 못 뜨던 아이가 신기하게도 눈을 뜨며 할아버지 할머니와 눈을 맞추는 듯했다.

"할아버지, 할머니. 저 건강하게 자랄게요." 라고 화답하는 듯 했다. 저 아이가 내 뱃속에서 나왔다니 정말 믿기지가 않았다. 정말 기적과도 같은 일이었다. 아이와 다음 만남을 약속하고 병실로 들어와 첫 끼를 먹었다. 입맛이 없더라도 아이를 위해 나를 위해 억지로 먹어야했다. 내심 젖이 많이 나오지 않으면 어쩌나 하고 걱정이 많았다. 모유 수유는 아이의 건강과 면역력에도 좋지만 산모의 빠른 회복에도 좋다고 했다. 특히 초유는 아이의 면역력을 기르는데 탁월한 효능이 있다고 전해진다. 입안이 까끌 하고 당기지는 않았지만 내일 아이와의 첫 모유 수유가 있기에 억지로 먹었다. 초유는 더더욱 좋아서 꼭 먹여야 한다고 했다. 초유에는 면역력을 길러주는 성분이 더 많아서 감기도 잘 걸리지 않을 만큼 놀라운 것이었다.

간호사의 호출로 신생아실에 모였다. 각자 자기의 아이를 안고 첫 모유수유를 하는 감동을 맛보았다. 신기하게도 아이는 젖 냄새를 맡고는 의식적으로 젖

에 입을 갖다 대고 빨기 시작했다.

"아이고, 굶어 죽진 않겠네! 우리아기."

처음에는 잘 물지 못해 몇 번 실패를 거듭하더니 방법을 터득했는지 젖을 오물오물 잘 빨기 시작했다. 처음 느껴보는 기분이었다. 이 황홀함을 어찌 표현하리오? 아이와 눈을 마주치며 얘기를 나누었다.

"아가, 맛있니? 많이 먹고 잘 자라거라."

첫 모유수유의 경이로운 순간을 맛보고 돌아왔다. 또 한번 결심했다. 모유는 엄마가 먹는 음식이 그대로 전해지는 것이기에 좋은 것만 먹어야겠다고……. 임신 때만 중요한 게 아니 구나 산 넘어 산이구나! 아이를 키우는 데는 잠시도 나태함과 소홀함이 있어서는 안 되는 구나! 정성으로 키워야겠구나!

2박 3일이 지나 퇴원을 하고 친정집에서 산후조리를 시작했다. 아이와 24시간을 같이 지내야 했다. 밤에도 몇 번을 깨서 모유수유를 해야 했고 기저귀도 갈아야했다. 보통 일이 아니었다. 어른들이 하신 말씀이 생각났다. "뱃속에 있을 때가 편하지 밖에 나와 봐." 하던 말씀이 새삼 이해가 되었다.

친정엄마께서도 내가 먹는 반찬이며 국에도 신경을 많이 쓰셨다. 반찬도 채소와 단백질 위주로 국도 같은 미역국이지만 속에 재료를 달리해서 소고기, 광어, 북어, 홍합, 성게 등 딸을 위해 다양하게 끓여주셨다. 포항이 고향이신 시어머니께서 광어, 도다리, 홍합, 성게, 미역을 최상품으로 보내셨다. 처음맛보는 광어와 도다리 미역국은 색다른 맛이었다. 없던 입맛도 돌아와서 밥 한 공기를 뚝딱 해치웠다. 좋은걸 먹어서인지 아기도 살이 포동포동 붙고 점점 사람 얼굴이 되어갔다.

몸조리 때문에 남편과 본의 아니게 주말부부가 되었다. 주말부부는 전생에 나라를 구해야 할 수 있다는 데 아이를 낳으니 저절로 주말부부가 되고 매일 안보니 사랑도 더 깊어진 것 같았다.

　토요일만 되면 부리나케 아이를 보러 달려왔다. 몇 시간을 배를 깔고 누워 자는 아이를 보고 사진도 찍고 동영상 촬영도 했다. 한 집안의 첫 아이라서 인지 위대한 탄생과 함께 인기스타가 되버렸다. 그런 사위 모습이 낯설었는지 한마디 던지셨다.

　"아이고, 황서방도 저럼 면이 있었나?"

　"하기야 지 새끼 안 예쁜 사람이 어디 있겠어!"

　무뚝뚝한 경상도 남자도 자기새끼는 예뻐서 사진에 동영상까지 찍으며 아이와 교감을 하고 피곤한 것도 잊고 품에 계속 안고 있었다.

　조리원이 아닌 친정집에 있으니 시부모님께서도 마음 편히 아이를 보러 오지 못하셔서 매일 전화와 영상통화를 하시며 자기 손녀를 챙기셨다. 불교를 믿으시는 시댁어른들은 미신을 꽤 믿으셨다. 그래서 매년 점을 보시곤 하셨는데 아이가 태어나자 아시는 스님께 이름 짓는 걸 부탁하셔서 2가지를 뽑아 오셨다. 임신하고부터 남편과 딸을 낳으면 윤채, 아들을 낳으면 윤찬 이라고 짓기로 마음먹고 있어서 대략난감이었다. 이런 부분에서 종교가 다른 우리 집안과 차이가 났다.

　"아버님 , 저희 아이이름 벌써 결정해놨는데요."

　"이름을 그래 함부로 지으면 되는가? 좋은데 가서 아이한테 맞게 지어야지"

　"요즘은 별로 그런 거 안 따지는데……. 저희가 생각해 놓은 걸로 하면 안 돼요?"

　"됐고 . 내가 뽑아온 것 중에서 선택해라."

　"네."

　남편은 내 눈치를 실실 보며 난감해 했다. 어찌하겠는가? 어른들이 시키면 따라야지. 내가 힘이 있겠나? 옛말에 어른 말 들으면 자다가도 떡이 생긴다 하지 않았는가? 좋은 게 좋다고 하지 않았는가? 시와 때를 따져서 정성스레 지어오신 이름이기에 감사히 받아들여 둘 중 더 나은 이름으로 선택했다

"이 이름이 온 세상을 떨칠 상인가?"

"왠지 그럴 것 같습니다요."

태어난 지 한 달도 지나지 않아 친정엄마께서 유아세례를 받자고 제안 하셨다. 대대로 가톨릭 집안인 친정 쪽은 믿음이 굉장히 강했고, 특히 친정엄마는 신앙심이 더더욱 컸다. 난 엄마의 뒤꿈치도 따라가지 못할 신앙심을 가지고 있었다. 항상 내가 필요할 때만 그 분을 찾고 주일미사만 참례하는 정도의 나일론 신자였다. 그래서인지 엄마의 제안이 못마땅했다. 좋은 의도이긴 하나 한달도 안 된 아기를 세례까지 받느냐고 좀 더 자라서 하면 될 것을... 그런 엄마의 신앙심이 억지로 느껴졌다.

"엄마, 한 달 도 채 안 된 아기가 꼭 세례를 받아야 되나? 좀 더 커서 하면 되잖아."

"원래 태어나서 바로 하는 건데 지금 하는 거다 .쓸데없는 소리 하지 마라."

엄마와 더 이상 언쟁을 하기 싫어 내가 백기를 들었다. 유아세례를 신청한날 성당으로 가서 신부님 앞에서 아이의 건강과 미래를 위해 빌었다. 아기도 세례도중 한 번도 칭얼대지 않고 세례 받는 걸 아는지 엄숙하고도 차분하게 자신을 그분께 의탁하는 것 같았다. 엄마께 죄송한 마음이 들었다. 이렇게 좋은 경험을 하게 해주셔서 감사했다. 비로소 참된 엄마가 된 느낌이었고 아기도 다시 새롭게 태어난 것 같았다. 정성스레 잉태하고 열 달을 키워 세상밖에 내놓았으니 분명 이 아이는 바르게 자랄 것이다. 왜냐하면 정성 들인 육아는 절대 배반하지 않기 때문이다.

제2장
육아의 캐슬

큰아이 육아

우리 가족은 4명이다. 남편, 나, 딸, 아들 그런데 어른 둘, 아이둘이 아닌 아이 셋이 있는 것 같다. 남편은 그중 제일 막내 같다. 어떨 때는 딸아이보다 시근이 더 없는 것 같다. 남편은 집에만 오면 붙박이장이 되어 꼼짝달싹 하지 않고 소파에 비스듬히 누워 TV 리모컨으로 채널을 이리저리 돌려가며 하루일과의 스트레스를 푼다. 신혼 때는 그런 모습도 콩깍지로 인해 예뻐 보였지만 결혼생활 10년이 넘은 지금은 혼자 독박살림을 하는 나로서는 절대 예쁠 수가 없는 일이다. 다른 집 남편들은 퇴근 후에도 가사 일을 전담해서 와이프를 돕는다는데 우리 집 인간은 어쩌나 간이 큰지 토끼를 불러 용왕님께 바치고 싶었다.

그런 남편이지만 결혼해서부터 여지 것 남편 밥을 차려 주지 않은 적이 손에 꼽을 정도다. 1년 365일을 하루같이 매일 새벽에 일어나 따뜻한 밥과 맛있는 반찬들을 정성스럽게 준비하여 아내의 식탁을 차렸다. 그런데 남편은 고마워 하기는 커 녕 당연히 생각하는 것 같았다. 당연한 걸 당연하다고 생각하는 순간 문제가 생긴다. 직장 동료들에게 물어봐도 아침상을 차려주는 부인은 드물다고 했다. 저녁에 귀가하면 하루 종일 일한다고 지쳤을 발을 따뜻한 물로 씻어주곤 했다. 정말 황제대접을 했다. 난 그 황제의 시종이었고 하지만 그런 일들이 싫지가 않았다. 사랑하는 남편을 위해 무엇인들 못하리까? 저 하늘에 달이라도 저 하늘에 별이라도 당신 앞에 바치오리라. 이건 남자가 여자에게 해줘야 하는 건데 말이다.

일명 김 쟁이, 김 귀신이라 불리는 남편은 김을 무척이나 좋아한다. 김만 있으면 밥을 먹을 정도이니 말이다. 이런 남편을 위해 새벽부터 생김에 참기름을 발라 소금을 뿌려서 구워내면 김 귀신은 게눈 감추듯 먹어버린다. 말 한마디에 천 냥 빚을 갚는다고 하는데 남편은 빚을 갚기는커녕 빚이 점점 늘어나는 인간 같았다. 돈 안 드는 말로 표현 하는 게 그렇게 힘든 것인지 이해가 되지 않았다. 이런 남편을 만난 것도 내 복이 어쩌겠는가? 다시 되돌릴 수도 없는 일..내가 더 최선을 다하고 노력하면 언젠가는 그 진가를 알아주는 날이 오리라 기대해본다. 남편은 정성껏 음식을 해서 식탁에 올려놓으면 내가 묻기 전에는 절대 맛있다는 말을 립 서비스라도 할 줄 모르는 사람이었다.

"여보, 어때, 맛있어?"

"어."

"좀 길게 표현하면 안 돼!

"좀 싱거운데."

음식의 간도 짜게 먹는 남편이라 건강을 위해 간을 좀 줄이면 기가 막히게 알아채고 맛이 없다며 나트륨의 온상인 라면을 끓여달라며 아이처럼 떼를 쓴다. 도대체 어머님은 어릴 때 어떻게 키우셨길 래 입맛이 이런 거지 하며 어머님을 꽤나 원망했다. 어머님이 누구니? 도대체 널 어떻게 이렇게 키우셨니?

주말에도 어디 나가자고 하면 귀찮다고 하고 주말은 집에서 힐링하는 날이라며 삼시세끼를 찍게 만들며 본인은 힐링 하면서 나를 킬링했다. 이런 남편이지만 나중에 아이들의 교육을 위해서라도 아빠를 잘 보필하고 아끼는 모습을 보면 자연스레 산 공부가 될 거 같아 참고 노력했다. 우리 집 큰 아이인 남편의 육아가 잘 돼야 아이를 낳아도 문제가 없을 것 같아 남편을 최선을 다해 최고로 대했다.

참으로 다행인 것은 집에만 오면 붙박이가 되는 남편도 자기가 좋아하는 스포츠를 할 때면 신나서 하고 꼭두새벽에 시합이 있으면 절대 혼자 깨지 못하는 사람이 알람소리에 벌떡 일어나서 가는걸 보면 역시 자기가 좋아하는 일은 하고 살아야 되는구나 싶다. 운동신경이 뛰어나고 무슨 일이든 안 해서 그렇지 하면 모든 일을 전문가 수준으로 끝내버린다.

"자기야, 이렇게 잘하고 솜씨가 좋은데 왜 이걸 썩혀? 자기는 진짜 손재주가 좋아, 자주 좀 해줘."

"……."

남편은 혹시 다른 일을 시킬까 질문에 대답하지 않고 금방 일을 끝내버린다.

아빠바라기인 아들도 남편이 뭐든 뚝딱해치우고 뭐든 만들어내니 어린 아들의 눈에는 아빠가 영웅일 수밖에 없다.

"우와, 아빠 진짜 잘한다. 최고."

그럼 나는 아빠의 기를 살려주려고 추임새를 넣는다.

"그치, 아빠처럼 뭐든 잘하고 멋진 사람이 또 있을까?"

"여보, 멋져. 알러뷰."

그럼 아이들은 환호성을 지르며 엄마, 아빠의 사랑에 축복과 격려를 아끼지 않는다.

이런 게 산교육이 아닐까 싶다. 남편은 아내를, 아내는 남편을 아이들 앞에서 추켜세우며 아이들 앞에서 서로의 기를 세워주는 것 . 그렇다면 아이들도 부모를 우러러보고 서로를 존중하고 아끼는 법을 배우게 된다.

아이들 눈에 씌워진 그 노무 콩깍지가 언제 벗겨질지 의문이지만……. 제발 오래가길 빈다. 남편은 무뚝뚝한 경상도 남자라 애정표현도 스킨십도 잘 하지 않는 남자다. 여자들은 작은 말 한마디에 감동하고 스킨십도 적절히 해주길 바라는데 이건 뭐 기다리고 있자니 내 허벅지가 남아나질 않을 것 같고 아쉬운 사람이 우물을 판다고 온갖 애교를 떨며 사랑을 구걸한다. 내가 사랑에 목말라 있는 사랑거지도 아니고 말이다. 아이들은 부부가 스킨십도 하며 서로를 사랑한다고 느낄 때 마음에 평화와 안정을 찾는다고 한다.

나도 남편을 정말 사랑해서 우러러 나오는 애교라기보다 는 아이들의 평화와 안녕을 위해 애써 희생하는 것이다. 그러다 보니 자연스럽게 부부관계도 좋아지고 가정의 평화도 더불어 찾아오는 것 같다.

이렇듯 큰아이 육아가 어쩌면 제일 어려울 수 있다. 어려운 만큼 제대로 큰아이를 만들어 놓으면 작은 아이들은 쉽게 따라할 수 있다. 무엇이든 첫 단추가 힘들고 첫 단추를 잘 끼우면 다음 단추부터는 쉬워진다.

"명심하라! 큰아이(남편)가 제대로 성장하지 않으면 자녀들의 올바를 성장을 저해할 수 있다."

모유 그레잇?
분유 스튜핏?

자연분만과 모유수유는 모든 엄마들의 소망일 것이다. 나 또한 그러했다. 두 아이 다 다행스럽게 자연분만으로 출산했지만 모유수유가 걸림돌이었다. 가슴도 함몰유두라 모유수유가 쉽지 않았고 생각 외로 모유의 양이 많지 않았다. 크기와 양은 반비례 하는 모양이었다. 친정엄마는 내 약점 아닌 약점을 갖고 놀리셨다.

"크기만 크면 뭐하누? 암 짝에도 쓸모없는데. 저래 가지고 아 배 곯겠다!"

그래도 제일 좋다는 초유는 아이에게 꼭 먹였다. 초유의 색깔은 정말 진했다. 모유먹이기를 포기하지 않고 유축기도 사서 열심히 젖을 짜며 부족한 부분은 분유로 대체하며 혼합수유를 했다. 다행히 아이는 모유, 분유 가리지 않고 다 잘 먹어주었다. 품에 안겨 젖을 쪽쪽 빠는 아이의 모습은 정말 천사 같았다. 모유와 분유를 먹이며 아이와 교감하는 시간은 정말 행복하고 황홀했다.

"우리 아기 많이 먹고 얼른 자라라. 엄마랑 아빠랑 손잡고 놀러 가고." 아기는 뱃속에서 듣던 낯익은 소리라서 그런지 샐쭉샐쭉 웃으면 맛있게 먹는다.

첫아이가 태어나고 한 달여가 지나고 모유양이 많지는 않았지만 순조롭게 잘 진행되는 듯했다. 함몰유두인지라 아이가 젖꼭지를 물려면 엄청 스트레스를 받는 듯했다. 유두가 크고 퍼져서 아이의 작은 입으로 물기도 쉽지 않고 어렵게 물고 나면 양이 시원찮아 짜증을 내는 듯했다.

"에이, 내가 안 먹고 말지. 엄마, 나 다른 거 줘요. 힘들어서 못 하겠어요." 라고 하는 듯 물고 있던 젖을 확 빼버렸다.

어쩔 수 없이 분유를 태워 아이에게 먹이며 이 못난 어미를 용서해달라고 부탁했다. 남들은 젖이 정상유두이고 양이 많아 충분히 먹고도 유축기로 짜서 보관 까지 한다고 하던데 나는 왜 이런지 원망스러웠다. 내 상황이 이렇다고 원망만 하고 있을 수는 없었다.

"이가 없으면 잇몸으로 살면 되는 거지. 꼭 모유를 고집할 필요는 없어. 요즘 분유도 얼마나 잘 나오는데. 그래, 하는데 까지 해보는 거야."

혼합수유를 하기로 결정했다. 그러던 중 몸이 이상했다. 몸살처럼 옴 몸이 쑤시고 가슴이 탱탱 붓고 움직일 수 없을 만큼 아팠다. 젖몸살이었다. 아이가 제대로 빨지 못하고 그걸 제대로 배출 시키지 못해 젖이 퉁퉁 붓고 감기몸살처럼 찾아온 것이다. 말로만 듣던 그것이 이토록 고통스러울 줄은 몰랐다. 친정 엄마께서 뜨거운 수건 찜질을 해주시며 밤새 간호해 주셨다. 다음 날 병원에 가서 진료를 받고 젖을 삭히기로 했다. 다른 방도가 없었다. 아이에게 미안한 마음이었지만 첫째아이의 모유수유는 이렇게 막을 내리고 말았다. 모유수유는 아이와 엄마 모두에게 좋다고 하던데……. 몸이 안 따라주니 어쩔 수 없는 노릇이었다.

모유수유는 여러모로 장점이 많았다. 유방암의 발병률도 낮아지고 아이의 면역력도 높아지고 분유 값도 아끼고 정말 1석 3조의 효과가 있는데 참으로 안타까운 현실이었다. 하지만 요즘엔 분유도 모유의 성분뿐만 아이라 아이의 면역력을 키워주는 좋은 영양소도 골고루 들어있어 꼭 모유를 고집할 필요는 없는 것 같다. 분유의 종류도 어마어마해서 오히려 선택하는데 걸림돌이었다. 그렇다고 마냥 값비싼 분유만을 고집할 수 는 없는 노릇이었다. 가격과 영양성분이 적절히 맞는 제품으로 선택했다. 이렇게 종류도 다양하고 회사도 다양해 나뿐만 아니라 초보엄마들이 혼란스러웠다. 꼼꼼히 따져보고 신중하게 선택한 분유라 아이에게 더할 나위 없이 좋을 거라 믿어 의심치 않았다.

너무 팔랑귀가 되어도 결정장애가 생기게 되니 중심을 잡고 내 주관대로 움직여서 판단하고 선택했다. 지금도 그 선택에 후회하지 않는다. 그렇게 분유를 먹고 자란 첫째아이는 누구보다도 건강하고 총명하게 자라 남들의 부러움을 사고 있다.

지금에 와서 얘기지만 분유를 먹고 자란 첫째아이가 더 체력적으로 균형 있고 건강하고 똑똑하다. 내 아이의 분석으로만 데이터를 낼 수는 없지만 내가 내린 결론으로는 모유를 먹던 분유를 먹던 아이의 영양과 건강 지능적인문제에는 별로 상관관계가 없는 듯 했다. 그 당시 아이에게 모유를 많이 못 먹여 죄책감을 갖고 있었던 것이 이제야 눈 녹듯 사라졌다. 그 당시 모유수유를 못하면 대역죄인인듯 죄책감이 들고 아이에게 미안했는지 이해가 되지 않았다. 하지만 모유를 못 먹인 탓에 더더욱 이유식에 신경을 쓸 수 있어서 아이가 건강히 자랐을 수 있겠다 싶었다. 6개월에 접어들어 이유식을 시작하고 엄청 신경을 썼다. 그게 아주 중요한 결정타인 것 같다. 아이의 첫 식사이니 얼마나 중요한가? 나중에 아이의 입맛과 식성을 결정하는 중요한 요인이 되기 때문이다.

그러니 '모유를 먹이면 그뤠잇? 분유를 먹이면 스튜핏?'이란 생각은 버려라! 아이를 키우는 데는 그것이 중요한 것이 아니다. 모유를 먹이고 비싼 수입 분유를 먹인다고 아이가 똑똑해지고 건강한 것이 아니라는 것이다.

"그럼 뭣이 중 헌 디?"라고 반문하는 분들이 계실 듯하다.

아이를 키워 본 한 사람으로서 아이에게 정성을 쏟고 사랑을 쏟는 것이 최고의 건강 성장 비결이다. 아이에게 젖을 먹이고 분유를 먹이면서 아이와 눈을 맞추고 이야기를 하면서 교감을 나누면 아이의 뇌는 엄청나게 성장하고 정서 발달에 도움이 된다고 한다. 난 아이를 키우면서 단 한 번도 아이의 손에 젖병을 쥐어주고 내 할 일을 한 적이 없다. 오롯이 아이의 식사시간은 엄마와의 소통시간이다. 조금 커서 혼자 젖병을 들 수 있다고 눕혀놓고 젖병을 손에 쥐어주는 엄마들을 종종 본적이 있다. 난 이해가 되지 않았다. 그리고 절대로 아이를 눕혀 놓고 젖병을 쥐어준 적이 없다. 아이가 누워서 음식이나 음료를 먹으면 중이염이 생기게 된다. 생각해 보라! 어른들도 누워서 뭔가를 마시면 귀로 넘어가는 걸 느낄 수 있다. 그러다 보면 아이의 귀는 더 심각하게 된다. 제발 엄마들이여, 간과하지 말라. 꼭 팔에 얼굴을 받치고 기울여서 먹이기를 당부한다. 자랑 같지만 우리 아이들은 자라면서 그 흔한 중이염 한 번 앓지 않았다. 이것은 이제껏 내가 지켜온 철칙으로 이뤄낸 성과이다. 대다수 엄마들은 누워서 아이가 젖병을 잡고 먹는걸 보며 아마도 이렇게 얘기할 것이다. "아이고, 우리 ○○ 대견 하네. 언제 이렇게 커서 혼자 우유도 먹고."라며 아이의 귀가 망가지는 것도 모른 채 좋아할 것이다.

요즘은 세상이 좋아져서 젖병 소독기, 액상분유, 젖병세정제등 엄마들이 편리하게 사용할 수 있는 것들이 시중에 정말 많이 나와 있다. 제품들도 다양해서 어떤 걸 고를지 고민이 될 것 같다. 나도 나이가 많은 편은 아니지만 13년 전

내가 아이를 낳아 키울 때와도 사뭇 다르다. 시중에 젖병 소독기와 세정제는 있었지만 인위적인 것들에 아이가 빨고 우유를 담아 먹을 젖병을 맡길 수는 없었다. 내가 좀 힘들더라도 팔팔 끓는 물에 젖병을 소독해서 그대로 말리고 보관하는 것이 아이에게는 가장 좋은 방법이다.

몇 년 전에 사회적으로 큰 이슈가 됐던 가습기살균제 같은 경우도 가습기를 인위적인 약품으로 깨끗하게 하기 위해 사용한 것이 사람에게는 독이 되지 않았는가? 이로 인해 많은 사람들이 죽고 후유장애까지 앓고 아직도 해결이 나지 않고 있다. 10년 전 만해도 액상분유는 없었고 자꾸 편리한 것을 찾다보니 이렇게 간편한 제품이 나온 것 같다. 아이와 한 번 외출하려면 짐이 엄청났다. 모유수유를 하면 이런 도구들이 필요 없겠지만 분유를 먹이면 젖병, 팔팔 끓인 물을 담은 보온병, 분유케이스(1번 타먹을 분량을 담는 통), 기저귀, 물티슈 등을 챙겨야 하니 보통 일이 아니었다. 액상분유는 간편하게 뚜껑을 따서 젖꼭지만 끼워 아이에게 바로 먹이면 된다.

모유를 먹이든 분유를 먹이든 엄마의 자유겠지만 모유를 줬다고 내 아이에게 모든 걸 다 했다고 생색내지 말고 분유를 먹였다고 기죽을 필요가 없다. 분유를 먹여도 사랑으로 태워서 주면서 교감을 하면 모유의 몇 배의 시너지를 발휘할 수 있다. 그러니 모유 그뤠잇, 분유 스튜핏은 잘못된 말이다. 정성스럽게 아이와 교감하며 주는 우유나 모유는 슈퍼슈퍼 그뤠잇이다.

외계어와의 소통

임신을 하고 배가 어느 정도 불러오니 태동이라는 것이 시작되었다. 말로만 듣던 것을 내가 직접 경험하니 황홀하고 가슴이 벅찼다. 시어머니께서 아들들은 발로 차는 게 다르다면서 잘 느껴보라고 하시며 은근 아들을 바라는 눈치를 주셨다. 임신 초기부터 모차르트 음악을 들으며 태교를 하고 태교동화를 듣고 아이와 대화를 나눠서 인지 아이가 뱃속에 있는 것 같지 않고 바깥 세상에 나와서 함께 생활하고 있는 것 같았다. 참으로 신기하게도 아이에게 대화를 걸면 아이는 발로 배를 툭툭 차며 응답해 주었다. 그것이 신기해 아이를 참 피곤하게도 했다. 배를 보고 있으면 배 모양이 바뀌면서 아이가 움직이는 게 보였다.

"아이고, 우리 아기 거기가 많이 좁은가 보구나? 얼른 바깥으로 나오고 싶지? 엄마도 우리 아기 빨리 보고 싶지만 좀 참을게. 그러니 너도 성질 급하게 빨리 나오고 그러면 안 돼? 알았지? 답답해도 우리 몇 달 동안은 이렇게 대화하자."

우린 이런 대화들로 하루하루를 보냈다. 산달이 다가와 자연분만으로 예쁜

첫딸을 얻었다. 첫딸은 살림밑천이라더니 정말 그런 것 같다. 뱃속아이와 태담을 나누다 바깥세상에 아이가 나오니 아이 컨택하며 얘기할 수 있어서 정말 행복하고 좋았다.

"요게 진짜 내 뱃속에 들어 있었던 거 맞아. 믿어지지가 않아. 진짜 생명의 신비다 신비야."

나는 신기함에 어쩔 줄 몰라 했다. 백일이 지나고 아이는 옹알이를 시작했다. 혼자 알아들을 수 없는 외계 어 같은 말을 해대는데 어찌나 귀여운지! 슬픈지 울먹울먹 대며 하는 옹알이, 기뻐서 신나게 하는 옹알이 모든 게 다르게 느껴졌다. 그 모습을 들여다보고 있으면 예쁘고 사랑스러워서 뽀뽀가 저절로 나왔다.

"아이고, 우리 아기 뭐라고 했어? 맘마 맛있다고 했어? 아님, 슬펐어? 왜 울려고 그래? 울 아기 귀신 꿈 꿔 떠? 우리 아기 예뻐서 미치겠네?' 라며 아이의 옹알이에 가만히 있지 않고 대화하듯 계속 얘기를 이끌어갔다. 그러니 아기도 재미있는 듯 뭐가 그리 할 말이 많은 지 수다쟁이 아줌마처럼 계속 옹알거리며 외계어를 쏟아냈다.

"하기야 10달 동안 하고 싶은 말이 좀 많았겠니? 이해해 아가! 엄마가 다 들어줄게! 엄마도 너랑 얼마나 얘기 많이 하고 싶었다고. 참, 뱃속에서 엄마 목소리 잘 들렸지?'

이렇듯 대화 할 수 있는 존재가 아님에도 불구하고 끊임없이 한 인격체로 대하며 이야기를 서로 주거니 받거니 했다.

갓난아이를 다 큰 아이처럼 일상을 공유했다. 일어나서부터 눈을 맞추며 밤새 안부며 모든 일들을 아이에게 다 쏟아냈다. 그래서인지 첫아이는 한글과 말을 정말 빨리 땠다. 뱃속에서부터 엄마 말을 듣고, 태어나서도 아이에게 대화하고 말을 시작할 무렵부터도 무수히 질문하고 말을 시켰다. 그러니 어찌 아이가 말을 잘 하지 못하겠는가?

"근데요, 제 아이는 말이 너무 느려요. 얘는 몇 개월 이예요? 진짜 말을 잘 하네요 우리 애 보다 늦는데 말을 어떻게 이렇게 잘해요?"

아이를 데리고 백화점, 마트, 문화센터를 가면 으레 듣는 말이었다. 그럼 난 오히려 이렇게 질문하고 싶어진다.

"아이한테 말을 잘 안 시키죠? 아이도 주워들은 게 있어야 말할게 아닙니까?"

이런 부모들의 공통점은 본인이 잘못 했다는 것을 인지하지 못 한다는 점이다. 아이와 항상 붙어있는 엄마가 아이에게 질문하지 많고 대화하지 않는데 아기는 어디서 말을 배우겠는가? 그럼 엄마들이 물을 것이다. 비법 좀 알려달라고. 난 당당히 말할 것이다.

"다 교육의 힘이죠. 아기들이라고 무시하지 마세요! 다 듣고 보고 한답니다. 세상에 거저 되는 건 없습니다. 아이를 임신하고 낳기까지 얼마나 공을 들였는데요! 뭐든 정성을 들이면 배반하지 않아요! 옛 속담에도 있지 않습니까? 공든 탑이 무너지랴? 공들이고 정성들인 탑은 웬만해선 무너지지 않는다는 뜻이지요." 라고 일일이 말할 수는 없지만 붙잡고 얘기해 주고 싶은 심정이었다. 모든 사람들은 살을 빼고 싶어 하면서도 실천하지 않듯이 아이 육아도 마찬가지인 것 같다. 남들이 잘 키워 놓은 자식들을 보면 마냥 부러워하면서도 자기자식의 교육은 말처럼 쉽지 않은 것이다. 하지만 나의 책을 읽는 모든 예비 엄마들은 모두 훌륭한 부모가 될 수 있을 거라 확신한다. 이 책은 엄마들의 육아 지침서가 되길 바란다. 초보엄마들에게 나의 노하우를 전수해서 대한민국 엄마들이 모두 행복할 수 있는 세상을 만들고 싶은 게 나의 소망이다.

이유식은 황제처럼

옛 어른들 말씀에 아이는 낳아놓으면 얼마나 빨리 자라는지 돈이 무섭다고 하시는데 그만큼 빠른 속도로 자라니 돈이 많이 든다는 소리이다. 태어난 지 엊그제 같은데 벌써 6개월에 접어들어 이유식을 해야 할 단계가 왔다. 아이가 처음 먹는 식사이기에 잘 만들어줘야 한다는 부담감과 잘 먹어야 할 텐데 라는 설렘과 기대감이 컸다. 첫 이유식은 미음이라 별로 어려운 게 없었다. 쌀을 몇 시간 불렸다가 냄비에 넣고 끓여서 체에 거른 미음만 먹는 거였다. 아이가 첨 경험해 보는 맛에 거부하면 어쩌나 고민이 되었다. 미음을 들고 가니 자기 밥인줄 알고 방긋방긋 웃으며 반겨준다.

"우리 아기 맘마 먹을까? 오늘 첨으로 먹는 이유식이야. 입에 맞을지 모르겠네!"

턱받이를 하고 안아서 미음을 한 숟가락 떠서 넣어주니 묘한 표정을 지으며 받아먹는다. 생전 경험하지 못한 신비한 맛이 나쁘지 않은 모양이다. 처음 맛보는 미음 맛이 좋았는지 혀를 낼름거리며 주는 대로 받아먹는다. 태어나서 꼬물대던 게 언제 이리 커서 이유식도 다 먹고 시간이 참 빠른 것 같다.

"아이고, 우리 ㅇㅇ이는 이유식도 잘 먹고 하는 짓마다 예쁜지. 그렇게 맛있었어요? 엄마가 맛있는 맘마 많이 만들어줄게. 기대해."

미음으로 적응을 했으니 다음 코스는 쌀만 넣은 이유식이었다. 이유식은 솔직히 말하면 참으로 번거로운 일이다. 쌀을 불려놨다가 냄비에 넣고 눌러 붙지 않게 잘 저어주면서 계속 지켜봐야하는 인고의 요리이다. 그러니 엄마들이 인터넷이나 여러 곳에서 주문을 해서 먹는구나 싶었다. 어떻게 하면 아이에게 좋고 맛있는 이유식이 될까 고민하면서 나만의 이유식을 만들었다. 대성공이었다. 아이는 얼마나 맛있으면 마지막 숟가락을 보며 항상 울음을 터트렸다. 이유식 시간이면 항상 아이와 나누는 대화가 있었다.

"그렇게 맛있었어? 엄마 이유식 장사해도 되겠지?" 라고 하면

"아… 하……"하면서 옹알이를 해댄다.

"우리 ㅇㅇ이가 잘 먹으니까 엄마가 행복하네."

일주일 동안 할 이유식의 식단을 짜 놓았다. 당근, 브로콜리, 감자, 양배추, 시금치, 고구마, 호박, 버섯, 시금치, 두부, 소고기, 닭고기 등 재료도 많이 들고 시간도 많이 걸렸다. 2,3일 먹을 분량을 해서 얼려 놓아야 하기 때문에 시간과 정성이 필요했다. 하지만 내 아이가 먹을 건데 힘은 들지만 손수 해 주고 싶은 게 부모 마음 아니겠는가? 아이는 어떤 재료를 넣어서 하건 별 거부감 없이 잘 먹어 줬다. 그래서 인지 하루가 다르게 포동포동 살이 오르고 건강해졌다. 이유식의 중요함을 간과해서는 안 되겠다. 주위에서 이유식 전도사가 되었다. 아이들의 첫 식사인 이유식을 얼마나 잘 먹었느냐에 따라 아이의 식성과 식습관

이 길들여진다.

　하루는 이런 일이 있었다. 문화센터에 갔다가 수업을 마치고 배고파하는 아이와 푸드 코트에 가서 이유식을 데워 먹이는 중이었다. 옆 테이블에서 아기와 같이 온 엄마가 우리를 계속 주시하더니 다가와서 묻는 것이었다.

　"저기 아이가 이유식 잘 먹네요. 우리 아이는 이유식을 안 먹어서 걱정이에요. 뭐 넣고 하세요! 색깔도 참 예쁘고 ,내가 한 거랑 많이 다르네요! 죄송한데, 방법 좀 가르쳐 주실래요?"

　당황스럽기도 하고 괜히 어깨도 으쓱해서 내가 아는 선에서 정보를 알려주었다. 아기엄마는 고맙다며 커피까지 쏘며 문화센터에 오면 종종 보자며 전화번호까지 알려줬다. 왠지 마음이 뿌듯했다. 이게 바로 말로만 듣던 재능기부인가? 내게도 이런 재능이 있었다니 내안에 내재되어 있던 달란트를 아이를 낳고 나니 알게 되었다. 내가 엄마로서 재능이 있구나? 라는 것을.이 좋은 재능을 많은 사람과 나누며 아이들이 잘 자랄 수 있게 도와주고 싶은 마음이 들었다. 결혼을 하고 아이를 낳지 않았다면 절대 몰랐을 일이다.

　"현경아, 너 정말 멋진 일을 하고 있어 최고야!"

　누구나 엄마는 될 수 있어도 좋은 엄마가 되기는 어렵다. 내 입으로 내가 좋은 엄마라고 말하기는 그렇지만 아이를 위해 정성을 다했고 후회가 없기에 남들이 뭐라 해도 나에게 엄지 척을 해주고 싶다. 아이와 함께 문화센터에 나가면서 몇몇 친해진 엄마들과 밥을 먹을 기회가 생겼다. 아이도 같은 또래이다보니 모두 점심으로 먹일 이유식을 싸가지고 다녔다. 모두 이구동성으로 이유식 만들기가 귀찮고 아기도 잘 안 먹어서 버리기 일쑤고 다음부터는 사서 줘야할 것 같다고 했다. 잘 먹는 내 아이와 달리 행복해야할 식사시간에 땡청을 부리고 입에 숟가락을 갖다 대면 고개를 절레절레 흔들며 싫은 내색을 했다.

"정말 미치겠네!" "왜 이렇게 안 먹죠? 뭐가 문제일까요? ○○는 진짜 잘 먹네요? 혹시 산거예요?"

혁 소리가 저절로 나왔다. 맛있게 먹는다고 산건지 묻는 엄마 답이 딱 나왔다.

"이유식을 왜 사서 먹여요? 제가 직접 해 준걸 저렇게 잘 먹는데. 이유식 할 때 사랑도 첨가를 좀 하세요. 맛은 거기서 거기니까요."

엄마들은 내심 당황하면서도 재미있다는 듯 웃는다. 그렇게 이유식 강의를 하며 엄마들의 정신교육을 시켰다.

"좀 힘들고 귀찮겠지만 즐겁게 콧노래를 부르면서 해 보세요. 아기랑 대화도 하면서 말이죠! 아가, 엄마 지금 네 맘마 만든다! 맛있게 만들어서 줄게 이따가 맛있게 먹자. 재료도 단순하게 밍밍한 걸로만 하지 말고 강한 재료와 약한 재료 달콤한 거와 신거운 거 이렇게 조화를 이뤄서 만들어 보세요! 어른들이 먹는 음식도 조화가 필요하듯 이유식도 마찬가지에요. 오늘부터 일주일, 아니 3일정도의 이유식 식단을 짜서 그대로 시행해보세요."

모두들 문화센터 동기를 잘 만나서 이런 좋은 강의도 듣는다고 고마움을 전했다. 난 더 바랄 것이 없다. 내 아이 또 나아가서 모든 아이가 꼭 필요한 사람으로 성장해주길 바란다. 그것이 내가 행복하고 아이가 행복한 길이다.

이유식을 시작하면서 과일주스도 함께 먹이는 시기였다. 아이에게 처음으로 먹일 수 있는 과일은 사과, 배이다. 사과를 강판에 갈아서 고운 보에다 짜서 나온 즙을 숟가락으로 떠먹였다. 아이는 처음 맛본 사과즙에 신세계를 경험했다.

"엄마, 이렇게 맛있는 걸 왜 이제야 줘요!" 라고 하는 것만 같았다. 다 먹고도 입술에 남아 있는 즙을 쪽쪽 빨아 먹으며 못내 아쉬워했다.

"아이고, 우리 ○○ 그렇게 맛있어요? 그게 바로 사과즙이야. 새콤달콤하지? 엄마도 사과를 제일 좋아 한단다. 사과가 과일의 왕이거든. 내일은 '배'라는 과일도 맛 보자."

아이는 하루하루 새로운 것을 맛보고 경험하며 생각과 몸이 자라고 있었다. 첫 단추를 잘 끼워야 한다. 아이가 처음으로 먹는 이유식이 얼마나 중요한지 새삼 느끼길 바란다. 이유식은 황제처럼 (왕들처럼 비싼 재료들로 한 것이 아니라) 최고로 먹자는 뜻이다. 그러면 모든 아이들이 황제처럼 위대한 아이로 재탄생할 것이다.

후배아들의 육아코치가 되다

아이를 낳고 온전히 혼자만의 손으로 육아를 했다. 직장에서도 퇴사를 말렸지만 우선순위가 아이를 잘 키우는 것이었기에 과감히 사표를 던졌다. 예전부터 아이를 낳으면 내 손으로 직접 키우리라 마음먹었었다. 아이를 키우면서 직장을 다닌다는 것은 솔직히 힘든 일이다. 아이가 학교에 다니게 되고 어느 정도 자기가 할 수 있을 때면 모를까? 어린아이를 다른 사람 손에 맡기고 일을 한다는 것은 나에게는 용납되지 않는 일이었다. 또한 아이를 봐줄 사람조차도 없었다. 친정엄마는 예전부터 입버릇처럼 손주는 못 돌봐준다고 선을 그었다.

"난 아기 봐도 못 봐 준다. 그리 알아라! 너희 시 엄마한테 알아보든지." 라며 처음부터 선을 그었었다. 그런 말이 듣기도 싫고 오기도 생겼다.

"흥, 누가 봐 달래, 내 아기를 누구한테 맡겨."

솔직히 다른 친정엄마들은 헌신적으로 자신이 봐준다고 아까운 직장 버리지 말고 벌 때까지 벌라고 하시는데 복도 지질이 없다고 생각했었다. 남보다도 자신을 먼저 생각하는 이기적인 사람이라고 생각했다. "내가 엄마한테 아이를 봐 달라고 하면 김현경이다." 라고 매일 다짐하곤 했다. 하지만 지금에 와서 생각하면 감사한 일이다. 혹시라도 아이를 봐준다고 하셨더라면 정성들여 아이를 키우지도 않았을 테고 이렇게 바른 아이로 자라지 못했을 것이다. 그렇다고 해서 할머니의 손에서 키워진 아이들이 다 나쁘다는 것은 아니다. 엄마가 키우는 것만큼 정성과 사랑을 쏟을 수 없다는 뜻이니 오해하지 마시길.

직장을 다닐 때는 친구들이나 선후배 등을 자주 볼 수 없었는데 퇴사 후 아이가 생기고는 시간 여유가 있어 후배와 아기들 까지 같이 모일 기회가 많아졌다. 당연 화두는 아이였다. 다들 첫 아이다 보니 어설프고 모르는 게 많은 듯했다. 나 또한 마찬가지였지만 나의 주관대로 확신대로 추진하다 보니 아이를 키우는데 있어서도 남이 뭐라 해도 내 생각이 맞다면 무조건 직진하는 스타일이다. 책도 보고 인터넷도 보며 육아 상식을 차근차근 채운 터라 두려움보다는 설렘과 기쁨이 더 컸다. 엄마들의 관심사는 다양했다. 내 아이가 잘 먹고 잘 크고 있는지에 대해 또 어떤 부류는 아이용품과 비싼 옷들, 아이의 성장과는 아무런 관계가 없는 쓸데없는 것에 관심을 두는 엄마들도 많았다. 저런 엄마들이 도대체 아이를 제대로 키울 수 있을까 내심 걱정이 되었다. 아이에게 중요한 건 그런 게 아닌데 말이다.

회사 후배 중 하나가 얼마 전 아이를 낳았는데 완전 초보에 뭐하나 제대로 할 수 있는 게 없어서 나에게 S.O.S 를 요청했다.

"언니, 좀 와줄 수 있어? 나 진짜 울고 싶다. 혼자 어찌해야 될지 모르겠다!"

"알았어, 갈게. 언니가 간다!"

시골에 계시는 친정엄마께서 올라오셔서 보름정도 산후조리를 도와주시고 농사일 때문에 내려가셔서 해서 마땅히 불러야 할 사람도 형제도 없었다. 형제라고 해봐야 장가 안 간 암짝에도 쓸모없는 남동생 뿐이었다. 그래서 제일 먼저 떠오른 사람이 육아 선배인 나라고 했다. 난 기분이 좋으면서도 부담감도 컸다. 하지만 내 아이도 키웠듯이 똑같이 가르쳐주면 될 터이니 아는 선에서 도움을 주고 싶었다. 나를 필요로 하는 사람이 있다는 것에 행복감을 느꼈다.

"아, 문현경 살아있네. 죽지 않았어! 어딜 가나 인기구만. 좋았어. 내 또 재능 기부한다!"

후배는 아기 목욕시키는 것부터 옷 입히는 것 뭐하나 제대로 하는 게 없었다. 어설프기 짝이 없었다. 그런 딸을 두고 가시는 엄마의 마음이 어떠했겠는가 짐작이 간다. 후배는 결혼할 때는 눈물 한 방울 흘리지 않았는데 산후조리를 마치고 돌아가는 엄마를 보며 한없이 울었다고 했다.

"언니, 우리 엄마들도 이렇게 힘들게 우릴 키웠겠지? 살면서 고맙다는 말 한 마디 한적 없는데 엄마 가는 뒷모습보니 진짜 죄송하더라."

후배의 말을 듣고 있자니 가슴 한구석이 짠해왔다.

"우리 ○○이가 아기 낳고 나더니 철들었네! 그런 생각을 다하고. 역시 여자는 아기를 낳아 봐야 돼. 그치?"

후배에게 알아두어야 할 것 하나하나를 적어서 냉장고에 붙여놓게 했다. 필요하고 궁금할 때 언제든지 보고 하라고 또 아기 낳은 지 한 달이 체 되지 않았기 때문에 손목을 많이 쓰면 안 된다고 일러주었다.

아이를 낳고 손목을 무리하게 쓰는 바람에 고생한 기억이 있다. 앉았다 일어날 때 손목에 힘을 주고 아무 생각 없이 행동한 것이다. 아직 산모들은 산후조리 기간은 몸이 제자리로 회복되지 않은 상태이기 때문에 자칫하면 근육에 무리가 가서 이렇게 고생을 하게 된다. 그래서 보름동안 한의원을 다니며 침을 맞고 물리치료를 한 경험을 얘기해주며 주의를 당부했다. 후배는 조심 또 조심해야겠다고 했다. 일주일에 몇 번씩 산후도우미가 집에 와서 빨래며 소소한 것들을 해주기로 하고 나는 세부적인 것들을 알려주기로 했다. 후배도 젖양이 그다지 많지 않아 혼합수유를 할 예정인데 분유 먹일 때는 꼭 안고 먹이라고 얘기해 주었다. 젖을 먹이거나 우유를 먹일 때는 아이와 대화를 하며 눈을 맞추고 옹알이를 시작하면 얘기를 들어주고 응답해 주라고 일렀다. 아기지만 다 듣고 엄마와의 소통을 좋아한다고……

젖몸살을 심하게 한 터라 혹여 모유의 양이 적더라도 유축기를 이용해 남은 젖은 꼭 짜주라고 당부했다. 안 그러면 배출되어야 할 모유가 안에서 곪게 되니 사서 고생하지 않게 제때 먹이고 짜주라고 일렀다. 아이가 운다고 자꾸 안아주다 보면 사람 손을 타서 계속 울게 되니 정도껏 안아주라고 팁을 줬다.

엄마가 잘 먹어야 젖도 잘 나오고 아이도 잘 키울 수 있으니 영양소가 골고루 있는 식단을 짜서 섭취하고, 맵고 자극적인 음식, 딱딱한 음식도 당분간은 금물이라고 일렀다. 수분 보충을 위해 부드러운 과일 위주로 섭취하고 칼슘보충을 위해 우유도 추천해 주었다. 커피나 카페인 음료는 모유수유를 하게 되면 아이에게 고스란히 전달되기 때문에 가급적 피하라고 얘기해주었다. 꼭 먹고 싶다면 어느 정도는 먹으라고 얘기했다. 오히려 참다가 스트레스 받고 병나는 사람들도 있기 때문이다. 이것은 본인이 적절히 조절하면 되겠다.

이 부분은 참 힘들었던 것이 내가 커피를 하루라도 마시지 않으면 입안에 가시가 돋치는 사람이어서 임신 기간 동안과 수유기간 동안 정말 힘들었다. 거의 카페인 중독 수준이여서 커피를 안마시면 두통까지 오는 지경에 이르렀다. 마시고 싶은 욕구보다도 두통을 해결하기 위해 마셔야 했다. 아예 안 마실 수는 없고 그만큼 양을 줄여야 했기 때문에 남자들이 담배를 끊는 것처럼 나에게는 고통스러운 일이었다. 단박에 끊을 수 없어서 한 잔씩 마시고 싶을 때 마셨더니 아기가 잠을 잘 못자고 계속 깨는 것이 아닌가?

"아, 커피 때문인가? 잘 자던 아이가 왜 저러지?"

덜컥 겁이나 모유수유 하는 동안 커피를 완전히 끊었다. 아이 때문에 그 좋아하는 커피를 참고 안 마셨다는 것이다. 이런 나의 경험담과 정보를 공유하니 후배는 모든 게 신기한 듯 고개를 끄덕이며 교주의 설교를 듣는 신도처럼 내 말에 귀를 기울였다.

육아초보들에게 항상 강조하는 것은 잘하건 못하건 대충 하지 말고 정성을 들이라고 말한다. 나도 육아가 처음이었지만 정보를 알아보고 실천하려고 노력했고 서툴지만 정성을 쏟아서 아이를 키웠다고 자부한다. 모든 초보엄마들이여! 당신들도 나도 엄마가 처음이었지만 최고의 엄마로 거듭날 수 있다.

이런 나만의 육아비법을 혼자만 알고 넘기기엔 너무 큰 정보이기에 모든 예비엄마들과 미혼여성에게 육아전도사가 되어 많은 걸 알려주고 싶다. 왜냐하면 내 아이뿐만 아니라 다른 아이도 소중하니까

아토피는 누구 탓?

문명이 발달해서 먹을거리가 넘쳐나고 식생활도 서구화로 바뀌게 됨에 따라 아이를 임신한 임신부들이 가장 걱정하는 것이 아이의 아토피일 것이다. 예전 우리네 엄마시대에는 먹을 게 없어서 아이의 영양이 부족할까봐 노심초사했지만, 요즘은 과잉섭취로 임신중독증에 걸리고 아이에게도 안 좋은 영향을 주게 되었다. 산모들도 아이의 건강과 아토피에 직결된다는 음식을 함부로 먹고, 마구 닥치는 대로 먹는 것 같다. 먹고 싶은 것은 다 먹어야지 아기가 예쁘게 태어난다고 자기 합리화를 시키면서 말이다.

"먹고 싶은걸 못 먹으면 짝눈이 태어난데. 오늘은 아기가 ○○가 먹고 싶어하네. 자기야, 내가 먹고 싶은 게 아니고 아기가 먹고 싶다고 하는 거야. 그러니까 귀찮게 생각하지 마. 다 아기를 위한 거야."

그러면서 남편들을 못살게 굴었다. 나중에 후회할 것도 모른 체…….

과유불급이라 했다. 아무리 좋은 것도 지나치면 독이 되는 법인데 하물며 안 좋은 인스턴트며 밀가루 등 아토피와 직결되는 음식들을 무분별하게 먹다보면 고스란히 태아에게 전달된다. 엄마시대 때는 먹을거리가 부족해서 산모들의 영양결핍과 아이의 영양상태가 걱정이었는데 요즘은 아기들도 대체로 3 kg가 넘고 4 kg가 넘는 아기도 많다. 이게 산모의 과다영양섭취라고 볼 수는 없지만 관련이 전혀 없는 것도 아닐 것이다. 예전에는 신토불이 음식들이 전부여서 몸에 안 좋으래야 안 좋을 수가 없었다. 채소와 과일, 생선 등에는 아이들에게 꼭 필요한 영양소가 들어있어 산모와 아이 모두에게 좋은 음식들이다.

었다. 아토피는 현대에 와서 생긴 부자 병이라 할 수 있다. 먹을거리가 많아서 고민인 세상. 예전에는 상상도 할 수 없는 고민이다. 오죽했으면 예전에는 우량아 선발대회가 있었겠는가? 잘 먹지 못해 삐쩍 마른 애들만 있는 세상에 몇 명 나올까 말까한 우량아 선발대회라니. 요즘은 다들 포동포동한 아이들이 많아서 이런 대회는 사라진지 오래다.

요즘 심심찮게 아토피가 있는 아이를 볼 수 있다. 10에 6 정도, 아니 7 정도가 아토피를 갖고 태어난다. 이것은 엄마와 아이의 고통의 시작이다. 아이는 간지러워서 미칠 지경이고 엄마는 그런 아이를 보자니 죄책감이 들고 좋다는 약이며 크림을 써 봐도 쉽게 낫지 않는다. TV를 보면 아토피를 고치겠다고 자연으로 들어가서 사는 사람들의 이야기도 종종 나온다. 이 살기 좋은 세상과 단절하며 저게 무슨 짓인가 싶다. 같은 엄마의 마음으로 안타깝기 그지없었다. 이렇게 후회할일을 왜 미연에 방지하지 못했을까? 그런데도 자기 때문에 이런 일이 생긴 것은 추호도 모를 것이다.

모유의 양이 적어 분유를 먹여도 종류가 엄청나게 많고 이유식도 갖가지를 넣어서 팔고 종류도 다양해서 엄마들을 현혹한다. 힘들여 집에서 할 필요 없이 손쉽게 구매해서 아이에게 주면 된다. 돈만 있으면 안 되는 게 없는 세상이다.

그렇다고 돈이 있어서 다 되는 세상도 아니다. 돈만으로 아이를 키운다면 어떤 아이로 자라겠는가? 뉴스에서 심심찮게 엘리트들의 범죄를 볼 수 있다. 정성과 사랑으로 아이를 키우면 인성적으로 성장하지만 돈으로 키우면 학식은 풍부해질지는 모르나 인성적인 사람으로 자라기 힘들다.

아이 친구들 중에도 아토피를 가지고 있는 아이들이 많았다. 아토피는 피부가 건조하면서 가렵기 때문에 심하면 진물이 나고 피부에 흉터까지 남아서 아이들에게는 큰 상처로 남는다. 특히 여름철에는 옷이 얇아지고 짧아짐에 따라 자연적으로 피부가 드러나는데 그래서인지 아이들은 더운 여름이라도 남들 눈을 피해 긴 옷을 입고 다니려고 한다. 얼마나 안타깝고 가슴 아픈 일인가?

사는 재미 중에 먹는 재미가 제일 큰데 아토피 환자들은 먹는 것도 마음대로 먹지 못한다. 다른 아이들이 피자, 햄버거, 치킨 같은 패스트푸드를 먹을 때 자기는 도시락을 싸다니며 채식주의자가 되어야 한다.

"엄마, 나도 햄버거랑 피자 먹고 싶어."

"○○야, 너도 참, 그런 거 먹으면 밤에 잠 못 자는 거 알면서 그래? 누구는 안 사주고 싶어서 그래? 넌 다른 아이들이랑 다르잖니? 우리 조금만 참고 노력해 보자꾸나."

내가 아는 지인의 대화였다. 매일 아이와 이런 대화를 한다고 했다. 이해가 갔다. 아직 어리다 보니 먹고 싶은 게 얼마나 많겠는가? 지인의 머리를 한 대 쥐어박고 싶었다.

"야, 그렇게 임신했을 때 좀 좋은 것 챙겨먹고 정성을 기울였어야지. 어이구, 입에 단것들이 아이에게 독이 된다는 걸 왜 이제 알았다니?"

지인에게 임신해서 주로 어떤 음식을 먹었는지 물어봤다. 놀랍게도 그녀는 인스턴트에 햄버거며 피자를 달고 살았다고 했다. 회사 일을 하면서 대충 때

우는 점심이니 정성을 들여 먹었겠는가? 이제 와서 후회하면 무슨 소용이 있겠는가? 하지만 그녀는 엄마이기에 울면서 아이를 위해 꼭 아토피를 고쳐 주리라 마음먹었다. 나는 그런 그녀를 위로하며 격려했다.

또 다른 지인의 얘기이다. 아이의 유치원 친구였는데 요즘은 급식을 하는데 항상 도시락을 싸다녔다. 친해지기 전에는 몰랐는데 아이에게도 듣고 우연히 알게 되면서 심각성을 알게 되었다. 그 친구는 달걀, 우유, 밀가루, 등 거의 대부분의 음식에 알레르기 반응을 보여서 아무거나 먹을 수 없었다. 요즘 앞에 예시한 재료가 들어가지 않은 음식이 어디 있는가? 빵, 국수, 라면, 등 우리가 손쉽게 구해서 먹을 수 있는 먹 거리에 다 들어가는 재료들이다 보니 아이는 먹을 수 있는 것이 고기, 두부. 채소, 두유 등 한정되어 있었다. 성장기 어린이들에게 꼭 필요한 우유, 달걀을 못 먹는다니? 있을 수도 없는 일이다.

우리 아이들은 매일 우유와 달걀을 입에 달고 산다. 솔직히 달걀요리가 제일 쉽고 얼마나 다양한 요리로 재탄생 하는가? 달걀말이, 달걀 프라이, 달걀찜, 같은 재료로 만들었지만 요리방법만 달리 했을 뿐 인데 맛은 완전히 다르다. 어린아이들이 얼마나 호기심도 많고 질문도 많은가?

"근데 너 왜 그거 못 먹어?"

그럼 그 친구는 대답한다.

"난 원래 그거 먹으면 안 된대. 큰일난대."

어린아이지만 먹으려고 떼쓰지 않고 쉽게 포기해 버리는걸 보면 참 안쓰럽다.

"○○야, 아줌마가 다른 친구들이랑 먹으라고 과자 사왔는데 너 이거 먹을 수 있어?

"아니오, 못 먹어요. 괜찮아요. 엄마가 제가 먹을 수 있는 과자 가져오신데요.”라며 태연하게 얘기한다.

　주위에 음식에 알레르기 반응을 일으키는 사람들이 많다보니 학교에서도 급식을 실시할 때 꼭 그 사항을 준수하고 넘어간다. 알레르기를 일으키는 음식을 먹으면 죽음에 까지 이를 수 있기 때문에 조심 또 조심해야한다. 이 아이의 엄마에게는 끝끝내 임신 중 식습관에 대해 물어보지 못 했지만 그 사람의 행동을 보면 알 것 같았다.

다름과 틀림

많은 사람들이 잘못 사용하는 언어 중에 하나가 바로 '다르다' 를 틀리다 고 잘못 사용하는 것이다. 난 국어를 전공한 사람은 아니지만 올바른 언어를 구사해야 한다고 생각하고 적어도 우리나라 사람이기에 우리말은 정확히 사용해야 한다고 생각하는 사람 중에 하나다. 남들이 잘못 사용하는 말을 들으면 귀에 거슬러서 미칠 것 같다. 이야기 중인 사람에게 가서 "저기요. 틀리다가 아니라 다르다거든 요."라고 말해주고 싶은 적이 한두 번이 아니었다.

결혼 전 남편과 나는 성격이 참으로 비슷하다고 생각했다. 먹는 것도 취미도 모든 게 비슷해서 참으로 잘 맞다고 생각했다. 그런데 웬 걸, 결혼 후 사람이 바뀐 것도 아닌데 모든 게 전과 달랐다. 이건 명백한 사기이다. 확 고소를 해버려? 그래서 위자료 두둑히 챙겨서 인생이나 좀 피어 볼까? 나와 결혼하기 위해 자기의 신분을 위장한 채 스파이 짓을 한 거나 다름없었다.

"내가 그렇게 좋았어? 나를 얻기 위해 지금 쇼를 아니, 연극을 한 거였잖아! 직업을 아예 배우로 하지 그랬어!"

먹는 것, 생활방식, 습관, 성격, 취미, 하나도 같은 게 없었다. 하지만 이왕 엎질러진 물, 어쩌겠는가! 그래도 내가 찌른 눈 내가 수습해야지. 내 남자를 다른 사람으로 만들어 버리겠어! 굳은 각오를 다졌다.

결혼 전에는 약속을 하면 항상 집 앞에 몇 분 일찍 와서 나를 미안하게 만든 사람이었는데 아침마다 깨울려 면 전쟁이 따로 없었다.

"자기야, 자기 군대시절 진짜 많이 맞았겠다. 그렇게 잠도 많고 못 일어나는 데 선임이 가만히 있었겠어!

"그때야 당연히 일어나지, 못 일어나면 죽는데."

"헐, 그럼 할 수 있는데 때와 장소를 가려서 한다는 거네, 대박."

식성도 결혼 전에는 비슷해서 어쩜 입맛이 이렇게 비슷할까? 결혼하면 아무거나 잘 먹어서 그 걱정은 덜었다고 생각했는데 참으로 큰 오산이었다. 제일 큰 문제는 안 먹는 음식이 너무나 많았다. 아니, 먹을 수 있는 음식을 대는 게 빠르겠다. 콩, 두부, 멸치, 팥 등 몸에 좋은 음식은 아예 입에도 대지 않았고 채소, 과일도 억지로 입에 쑤셔 넣어야 인상을 쓰며 억지로 먹어댄다.

"어쩜 나랑 이렇게 다르지? 아니, 이 인간은 틀려먹었어! 건강에 좋고 맛도 좋은 음식을 왜 안 먹는다는 거야?"

도대체 이해불가였다. 생활습관은 또 어떤가? 나는 아침형 인간인데 반해 남편은 완벽한 저녁형 인간이었다. 어릴 적부터 친정 엄마의 가르침대로 일찍 자고 일찍 일어나는 게 몸에 밴 나와 달리 밤새 TV, 게임과 씨름하며 늦게 자고는 아침에 못 일어나서 매일 아침 허덕였다.

"아니, 그렇게 못 일어날 거면서 TV는 왜 보고 게임은 왜 해? 일찍 잘 것이지!

도대체 생각이 없어, 한두 살 먹은 애도 아니고 성인이⋯⋯."

그런 생활습관이며 식습관이 어릴 때부터 몸에 베여있으니 당연히 고칠 수 없는 것이다. 가만 생각해보니 아침형 인간인 나에게 저녁형 인간을 강요하고 몸에 좋지 않은 음식을 강요한다면 미칠 노릇일 것 같다. 남편도 자신과 다른 부분을 강요하니 얼마나 힘이 들까 싶다. 결혼 전 시댁에 갔을 때 시어머니가 복선처럼 얘기하신 말씀을 알아차렸어야 했는데⋯⋯.

"아이고, 나는 이제 자랑 씨름할 일도 없고 네가 고생하겠네."

그 말인즉슨 매일아침 깨우기 전쟁을 너에게 위임한다는 뜻이었다. 아뿔싸! 엄청 눈치 빠른 내가 그건 왜 캐치하지 못했을까? 콩깍지 때문이었나? 모든 말들이 그 당시에는 좋은 꽃노래로 들렸으니 어찌 알아 차리겠는가! 하지만 이렇게 다르다는 문제로 매일 스트레스를 받으며 살수는 없는 문제였다. 하루 이틀 살 것도 아닌데 말이다. 또 다시

"그래, 결심했어! 다름을 인정하는 거야. 다름은 틀린 건 아니잖아. 분명 저 사람도 자기랑 내가 달라서 불편할 거야."

이렇게 생각하고 음식도 내가 좋아하는 걸 강요하지 않고 본인이 좋아하는 위주로 해주고 각자의 패턴대로 자유롭게 생활하니 별로 힘든 게 없었다. 이 모든 것도 내 개인주의적인 생각 때문에 빚어진 거구나. 사람이 다 다른데 어떻게 자기와 똑같기를 원하는가? 그건 진짜 내 욕심이었다.

다름을 인정하고 존중하는 건 상당히 힘든 일이다. 인내와 고통이 따르고 시간이 흘러야 자연스러워진다. 나도 마찬가지로 마음먹고 쉽게 되지는 않았다. 보고 있으면 속에서 울화통이 터져 미칠 것 같을 때가 한두 번이 아니었다. 매일 매일 참을 인을 가슴에 새기며 산다.

직장생활을 할 때도 어떤 모임을 주체할 때도 꼭 튀는 사람, 즉 뭔가 일반사

람과는 다른 사람들이 꼭 있었다. 그래서 모든 사람들이 피하고 상대하려 하지 않았다. 나쁜 사람은 아닌데 뭔가 나랑은 안 맞고 말만하면 기분 나쁘고 불쾌한 사람이었다. 이런 사람들은 다른 게 아니라 틀린 사람 즉 , 잘못된 사람들이다. 말을 할 때 상대방을 생각하지 않고 마음대로 내뱉는 사람들, 뇌에 필터가 없는 사람들, 이런 사람들에게 정수기 필터같이 말을 한번 걸러주는 필터를 달아주고 싶다. 매달 한 번 만이라도…….

제3장
육아! 예술의 장을 펼치다

아이의 말문이 트이면
엄마의 말문이 막히다?

사람은 죽을 때 까지 걱정을 달고 산다. 나 역시 시도 때도 없이 일어나지도 않을 일에 걱정하고 힘을 뺀다. 오죽하면 이런 말이 나왔을까?

"걱정을 한다고 걱정이 없어지면 걱정이 없겠네!"

학생들은 공부 걱정, 엄마들은 남편과 자식 걱정, 남편은 돈벌이 걱정. 처녀는 결혼 걱정, 어르신은 죽을 걱정. 처녀 때 나도 막연하게 하던 걱정이었다. 좋은 남편 만나서 행복한 가정을 꾸리고 예쁜 아기 낳아 사는 꿈을 꾸었기에 얼른 현실이 되기를 바랐다.

기도 덕인지 나의 성실하고 착한 마음에 감동하신 건지 신은 적당한 남자를 나에게 떡하니 안겨주셨다. 그 바라던 결혼을 하고 나니 걱정이 사라질 줄 알았더니 웬걸? 이번에는 임신이라는 커다란 걱정바위가 내 앞에 있었다.

"아, 진짜 뭐 하나 쉽게 되는 게 없냐! 남들은 결혼 전에 혼수로 쉽게 임신을 하던데 나는 도대체 뭐냐고? 한동안 엄청 원망했다.

2년 동안 몸과 마음을 다스린 결과 아이를 갖게 되었다. 모든 것이 행복했지만 또 걱정이 생겼다.

"손가락, 발가락은 다 있겠지? 건강하겠지? 말은 잘하겠지? 얼굴은 예쁘겠지!"

'누가 보면 참 걱정도 팔자다' 하겠지만 그 당시에는 최고의 걱정이었다. 아이가 건강하게 태어날 때 까지는 안심할 수 없는 노릇이었다. 자폐 같은 경우는 태어나서 한참 후에야 알 수 있어서 한 순간 한 순간 긴장의 끈을 놓을 수 없었다.

아이가 개월 수에 따라 하는 행동을 유심히 살펴보며 안심하곤 했다. 태어나서 2개월 정도부터 옹알이를 시작되고 6개월부터는 활발하게 옹알이를 하게 되는데 이때 '아바바' 같은 소리라도 내면 내 아이가 천재가 아닌가 싶어 호들갑을 떨며 남편에게 전화를 돌릴 것이다.

"여보, 우리 ○○ 이가 벌써 아빠라고 했어."

"어이구, 팔불출 나셨네!"

"6개월짜리가 벌써 무슨 아빠야, 자꾸 거짓말 할래?' 라며 부부끼리 웃는 일이 많아질 것이다. 왜냐하면 우리부부도 그랬으니까, 아니 그렇게 믿고 싶었으니까.

옹알이를 시작으로 돌을 전후해서 언어가 서서히 발달하는 시기라 아이들마다 다르겠지만 빠른 아이들은 8개월이 지나면서 아빠, 엄마, 엄모(이모), 할미(할머니), 맘마 등의 다양한 단어들을 구사하기 시작한다. 첫아이도 언어가 빨라서 그런지 옹알이도 쉴 새 없이 했고 8개월이 지나니 아빠, 엄마, 맘마 등의 언어를 구사하며 우리 부부를 놀래 켰다. 돌이 지나자 단어가 아닌 문장으로 발전했다. 나는 아이에게 무수히 질문하고 응답하고 대화했다. 말을 잘할 수 있는 이유는 많이 들어야 한다. 들으면서 귀가 트이고 말문도 트이는 것이다. 영어를 배울 때도 마찬가지가 아닌가? 외국인과 대화하고 영어를 계속 듣고 말하다 보면 어느새 영어가 들리고 영어로 말할 수 있게 되는 것이다. 엄마가 끊임없이 아이와 대화하고 소통하다 보면 아이의 말문은 감당할 수 없을 만큼 커져 있다.

"아이의 말문이 터지면 엄마의 말문이 막힌다."

이 말은 문현경의 명언이다. 아이를 키워내면서 내가 터득해낸 결과이다. 아이의 말문이 터져 끊임없이 묻다보면 엄마는 대답을 해주느라 식은땀을 흘릴 것이다. 얼마나 기쁜 일인가?

"엄마 저거 뭐야!"

"엄마, 왜요?"

"그런데 그건 왜 그래?"

"이건 무슨 맛이야?"

이렇듯 아이의 궁금증은 폭발한다.

아이는 '왜'를 끊임없이 외친다. 요즘 학교 선생님들은 좀 달라졌는지 모르겠지만 딸아이의 유치원 선생님은 아이가 "선생님 왜요?"라고 물으면 "왜요?"라고 하면 안 된다고 가르쳤다. 그 얘기를 듣고 엄청나게 울분을 토했었다. 지금의 시대가 이만큼 발전한 것이 바로 왜, WHY 때문이다. 이런 의문을 가지지 않았다면 인류는 아마 멸망하고 없었을 것이다.

나는 지금도 아이들이 학교 갈 때 꼭 하는 말이 있다.

"오늘도 학교 가서 꼭 질문하기"이다. 처음에 아이들은 "꼭 해야 돼!"라며 시큰둥한 반응을 보이지만 이제는 당연한 듯 질문하고 집에 와서는 어떤 질문을 했는지 얘기해주곤 한다. 아이의 질문은 집에서도 계속된다. 그러니 엄마도 공부하지 않으면 안 된다. 아이들에게는 끊임없이 질문하고 발표하라고 강요하지만 정작 엄마들은 강연이나 학부모 교육에 가면 꿀 먹은 벙어리가 되고 질문시간을 줘도 혹여 자기를 시킬까봐 겁이나 죄 지은사람인처럼 얼굴을 내리깐다.

아이의 말문이 터지는 순간 엄마도 바빠진다. 엄마의 말문이 막히지 않도록 많은 정보를 섭렵하고 공부하여 아이의 궁금증을 시원하게 풀어주는 해결사가 되어야겠다.

"아이의 말문이 트이면 엄마의 말문이 막힌다"가 아닌 "아이의 말문이 트이면 엄마의 지식이 쌓인다"로 바꾸어야 하겠다.

엄마 바라기

나도 엄마와 애착관계가 있었으면 얼마나 좋았을까? 하지만 엄마와 관계가 그닥 좋지 않았다. 친구들을 보면 엄마와 친구처럼 지내고 엄마, 엄마 노래를 부르고 편안한 존재 1순위인데 나에게만은 그렇지 못했다. 가장 편하고 친해야 할 사이가 같은 공간에 5분만 같이 있어도 불편하고 당장 자리를 박차고 일어나고 싶게 만드는 사이 바로 모녀 사이이다. 영원한 평행선인 것 같다. 그래서인지 딸을 낳으면 평생 친구처럼 지내고 기댈 수 있는 존재가 되고 싶었다.

아이는 엄마와의 애착관계가 가장 중요하다. 함께 보내는 시간이 가장 많기 때문에 둘의 사이가 어긋나기라도 하면 큰일난다. 나는 엄마와 애착관계가 별로 좋지 못해 얼른 시집 가서 엄마 품을 떠나고 싶었다. 친구나 선, 후배 결혼식에 가보면 신부들이 친정엄마와 헤어지는 게 섭섭해서 울고불고 하는 게 나에게는 신기하게만 느껴졌다. 괜시리 내가 냉혈인간처럼 보여졌다. 어릴 때부터 엄마의 따뜻한 위로와 사랑을 받고 자란 기억이 별로 없다. 그럼에도 불구하고 내 아이에게는 무한한 사랑을 주는걸 보면 난 돌연변이임에 틀림이 없다.

성인이 된 지금도 아이일 때도 엄마는 그저 부담스럽고 불편한 존재였다. 내가 지치고 위로가 필요할 때 손을 내밀지 않았다. 그 상처가 컸지만 꿋꿋이 버티고 일어선 걸 보면 내 자신이 대견스럽다. 자식을 자신의 소유물로만 생각하고 말로만 사랑을 외치는 것이 부모가 아니라 진정한 사랑으로 아이를 감싸고 위로하고 손잡아 주어야한다. 시집살이 당한 며느리가 시 엄마가 되면 더 혹독하게 시집살이 시킨다는 말이 있다. 틀린 말이 아닌 것 같다. 주위에도 그런 사람들이 많았다. 참 아이러니 하게도 그렇게 되지 않는다.

"난 절대 시집살이 안 시킬 거야. 내가 얼마나 구박받고 살았는데."

이런 사람들이 오히려 더 며느리를 구박하고 혹독하게 대한다. 나도 덜컥 겁이 났다.

"난 엄마처럼 살지 않을 거야." 라고 결심하고 엄마와 다른 삶을 살겠다고 다짐했지만 최악의 엄마가 되면 어쩌지? 라는 불안감이 들었다. 아이를 귀하게 가지고 정성스럽게 키운 결과 아이에게 줄 것은 사랑뿐이었다. 아이가 예뻐서 어찌할 바를 모르겠는데 사랑하지 않고 베기겠는가? 뱃속에서부터 대화하고 세상 속에 나와서도 끊임없이 대화하며 짝사랑이 아닌 쌍방 간에 사랑이 이루어지기에 그 어떤 장애물도 다 물리칠 수 있었다. 딸은 6학년이 된 지금도 하루라도 엄마를 못 보면 입안에 가시가 돋칠 정도이다. 서로 전화통화와 문자메시지로 사랑의 문자를 주고받는다. 남편과도 못하는 것을 딸과 하며 대리만족을 느낀다. 이처럼 딸은 어릴 적부터 엄마 바라기였다. 엄마가 하는 것들은 뭐든 따라하고 엄마의 음식이 최고이고 이 세상에서 제일 예쁜 사람도 엄마라고 했다. 아직 콩깍지가 벗겨지지 않아 다행이고 서로의 바라기이니 얼마나 행복한지 모르겠다. 나에게 딸이 있어서 얼마나 다행이고 기쁜지 모르겠다.

엄마는 전적으로 아이를 믿어주고 힘들 때 위로가 되어주고 기댈 수 있는 사람이고 싶었다. 결혼을 해서도 언제든지 와서 쉴 수 있는 곳……. 그곳이 바로 엄마의 울타리이다. 난 그런 울타리를 경험하지 못했지만 우리 딸, 아들에게는 언제든지 쉬어갈수 있는 쉼터를 만들어 주고 싶다.

"그댈 사랑해요. 그댈 위로해요. 그대만의 노래로……."

딸은 내게 잘 안긴다.

"햐~ 엄마 냄새 좋다." 라며 백 허그를 한다.

하지만 난 크면서 한 번도 살갑게 엄마에게 포옹 한 번 못해봤다. 엄마와의 애착관계가 형성되지 못하여서 생긴 일이다. 모녀 사이가 왠지 서먹서먹하고 한자리에 1분만 같이 있어도 미칠 것 같은 기분이랄까?

딸아이는 할머니와 엄마의 서먹한 관계를 보면서 의아해 하곤 했다. 엄마와 딸 사이는 자고로 우리처럼 없으면 안 될 존재여야 하는데 엄마와 할머니는 많이 다르다고 했다. 언니도 항상 딸아이를 보며 하는 말이 있다.

"우리 ○○이는 좋겠다. 그런 엄마가 있어서."

아이의 최고의 놀이터는 도서관

책을 틈틈이 구매해서 읽고 도서관에서 빌려서 읽고 책은 언제나 나의 위안이었으며 내 삶의 돌파구였다. 어린 시절 아버지께서는 우리에게 책을 아끼지 않고 사주셨다. 술이 거하게 취하셔서 두 팔 가득 책 전집을 들고 오곤 하셨다. 언니와 나는 그런 아버지의 영향이었는지 책을 좋아하고 그렇게 밝지 않은 세상이었지만 우리에게 큰 위로이자 기쁨이었다. 펄 벅의 대지, 작은아씨들 ,빨강머리 앤 등 기억에 남는 책들이 너무나 많다. 그중에서도 나의 마음을 사로잡았던 책은 루시 몽고메리의 빨강머리 앤이었다.

책을 접하고 만화영화로도 보며 한동안 푹 빠져 살았다. 성인이 된 지금도 앤은 나의 영원한 사랑이다. 고아지만 항상 긍정적이고 밝은 앤이 너무 좋고 사랑스러웠다. 그 책과 만화를 보고 있으면 마음이 평화로웠다. 어릴 적 앤을 보고 희망을 가지고 살았다고 해도 과언이 아니다. 그만큼 책은 중요하다. 사람의 인생을 바꿔주고 모르는 것은 가르쳐주니 얼마나 저렴한 수강료의 학원인가? 적은 돈으로 이렇게 큰 것을 얻는 것이 바로 책이라는 것을 어릴 때부터 알고 있었다. 그래서 나중에 내 아이가 태어나면 저렴한 선생님인 책을 가까이에 두고 항상 가르침을 받으라고 말해주고 싶었다.

아이가 뱃속에 있을 때도 태교동화를 들려주며 책에 대해 친숙감을 보여줬고 태어나서도 집안 곳곳에 책을 비치하여 아이가 어디서나 손쉽게 책을 접할 수 있게 했다. 그래서인지 아이는 버릇처럼 책을 가져와서 내 무릎에 앉았다. 아이는 지칠 때까지 계속해서 책을 가져와서 읽어달라고 했다. 글씨를 모르던 시절도 엄마가 읽어주는 책을 뚫어져라 쳐다보며 "내가 다 읽어 버리겠어!" 라는 굳은 의지를 보여주는 듯했다. 많은 책들을 다 구입하다 보면 가격도 만만찮고 보관도 어렵고 해서 선택한 것이 매주 도서관에 가서 노는 것이었다. 집에 있는 책들만 보다가 도서관에 많은 책들을 본 아이는 "우와, 우와" 소리를 연신해댔다.

"그래, 결심했어! 여기가 이제 너의 놀이터야. 마음껏 놀아보자꾸나!"

아이는 특별한 일정이 없으면 도서관을 간다는 것을 잘 알고 있었기에 이번 주 스케줄을 물으며 놀이터에 가자고 성화를 부렸다. 매일 주말과 휴일 도서관 직원의 끝났다는 음성이 들려야 자리에서 일어났다. 도서관에 가면 책을 읽을 수 있을 뿐만 아니라 블록을 대여해서 놀 수 있어서 또한 좋아했다. 책을 읽다가 조금 지치면 블록을 빌려서 놀며 자기만의 시간 활용을 했다. 도서관 카드를 만들어 책도 빌려서 왔다. 책을 빌려와야지만 다음에 반납해야하는 의무감이 있어서 의례 도서관에 오게 된다. 처음 도서관을 가기 싫어하는 아이들은 책을 빌려오는 것부터 시작하면 좋을 것 같다. 무슨 일이든 습관을 들이고 실천하는 것이 중요하다. 그렇게 다니다 보면 아이들도 재미를 붙이고 부모가 가

자고 하기 전에 자기들이 먼저 도서관을 가자고 제안할 것이다. 그러면서 부모들도 자연적으로 책과 가까워질 것이다.

도서관에서 책을 읽는 아이들의 모습은 어떤 모습보다도 아름답다. 매년 어린이날이면 아이에게 선물을 주는데 딸아이는 책 선물을 가장 좋아한다. 지금도 어리지만 더 어린 유치원생일 때는 산타 할아버지의 존재를 믿고 있는 아이였다.

"산타 할아버지가 무슨 선물 주셨으면 좋겠어?"

"책 선물 주셨으면 좋겠어!"

그러면서 읽고 싶은 책을 얘기해줬다. 원하던 책이 크리스마스에 침대 머리맡에 있으면 아이는 행복하고도 믿기지 않는 눈으로 책을 얼싸안았다. 지금은 커서 산타할아버지의 존재를 알아버렸지만 말이다.

"이때까지 책 선물 엄마가 준 거네. 고마워."

"내년 성탄에도 부탁해. 엄마산타."

좀 시시해지긴 했어도 아직 둘째는 산타할아버지의 존재를 의심하지 않는다. 이 일도 곧 들통날 테지만 말이다. 도서관뿐만 아니라 아이와 서점 나들이도 자주 하곤 한다. 예전과 달라진 점이라면 규모가 대형화되고 책의 종류도 어마어마하게 많아졌다. 또한 사람들의 만남의 광장이 되어서인지 언제나 인파들로 북적였다. 이것은 아주 긍정의 의미이다. 사람들의 의식이 많이 바뀐 것 같다. 아무리 팍팍한 세상이라도 책 한 권의 여유를 누리며 살자는 뜻으로 해석된다. 아이들과 외출을 할 때도 무료하지 않게 책을 꼭 챙기라고 한다. 어릴 때부터 습관이 되면 커서도 자연스럽게 몸에 베여 책을 가까이 할 수 있다.

주말에 아이와 도서관에 가서 5시에 문을 닫는다는 안내 방송이 나오면 아이들은 아쉬워서 한숨을 내쉰다. 휴일에 다른 일을 하는 것보다 도서관에 와서 아이들과 책속에 파묻히는 이 순간이 어느 때보다 행복하다. 책상에는 골라서 읽은 책들이 수북하게 쌓여 있다. 그 만큼 아이의 정서와 생각이 자랐을 것이다.

"엄마, 이 책 진짜 재밌다. 다음 권 빌려가야겠어. 다음 편이 궁금해서 도저히 다음 주 까지 못 기다리겠어!"

"그래, 그렇게 하렴!"

어른도 자기가 좋아하는 일이면 신이 나서 하지만 억지로 시키는 일이면 하기 싫듯이 아이들도 누가 시켜서 하는 것이 아닌 자기 스스로 하고 싶어서 해야 하는 게 중요하다.

남의편인 남편도 아침에 출근할 때 본인이 일어나지 못해 항상 내가 깨워줘야 하는 스타일이다. 또한 귀차니즘의 최강자라 집에 오면 소파에 비스듬히 누워 리모컨 조종사가 된다. 그런데 어찌된 일인지 자기가 좋아하는 골프며 운동은 귀찮아하지 않고 새벽에 알람을 맞춰 놓고 일어나서 가는걸 보면 참 신기할 따름이다.

세 살 버릇 여든까지 간다는 말이 있지 않은가?

엄마들이여 아이와 시설 좋고 비싼 키즈 카페를 가서 다른 엄마들과 값어치 없는 수다를 떨게 아니라 아이와 도서관을 다니며 지적수다를 떨기 바란다.

아이와 도서관을 들어갈 때와 나설 때 뿌듯함을 느껴보시길 바란다. 어떤 놀이터에서 논 것 보다 아이는 행복할 것이다.

미래의 피카소, 앤디 워홀

내 아이들은 참으로 기특하고 특이한 점이 하나 있다. 어디에서든지 종이와 펜이 있다면 그림을 그리는 것이다. 그런데 아이러니하게도 딸 아이는 서너 살 때 그림을 그리고 색칠을 하라고 하면 떼쓰고 울고불고 난리도 아니었다. 그런 아이가 이렇듯 큰 변화를 보인 것은 참으로 기적인 것 같다. 그 변화에는 엄청난 노력이 따랐다. 뭐든 억지로 시키면 안 되는 법. 밥도 빨리 먹으면 체하지 않는가? 마음 같아서는 등짝 스매싱을 하면서 억지로 시키고 싶었지만 역효과가 날것이 뻔했다.

"아이를 키우면 참을 인자를 하루에도 몇 번을 써야 한다더니. 그래, 나만의 방법으로 차근차근 해보는 거야. ○○, 왜 그림이랑 색칠이 하기 싫어?"

"그냥 싫어! 안 할래 !"

"진짜? 엄마는 그림 진짜 좋아하는데."

"그럼 하지 말고 엄마가 잘하는지 봐주고 못하면 좀 도와줄래?"

"응."

이렇듯 힘겨운 두뇌싸움이 시작됐다. 난 피카소가 된 것처럼 그림도 그리고 색깔도 화려하게 칠하며 아이의 눈을 홀려버렸다. 아이는 얼마 지나지 않아 시키지도 않았는데 옆에 붙어 앉아 자기가 원하는 곳에 색을 입히고 있었다.

"우와, 엄마가 못하는 걸 ○○이가 해 주네!'

"역시 ○○가 해줘야 된다니까?'

"내일도 그럼 엄마 도와 줄 거야?

"응."

"역시, 우리 딸 최고."

이렇게 딸아이가 지금도 어디서든 펜을 꺼내들고 그림을 그리는 데에는 이런 (에피소드?) 나만의 노력이 있었다.

언제는 모두가 사랑하는 별다방에서 지인을 만나고 있는데 그분을 아이들이 그려주었다. 마침 그릴만한 종이가 마땅치 않아 커피숍에 비치된 티슈에다 그렸는데 지인이 놀라며 칭찬해 준적이 있었다.

"어쩜 아이들이 쉬지도 않고 그리고 쓸 수가 있지?'

"정말 신기하다."

"도대체 비법이 뭐야?'

"글쎄요? 태교 때문인가?'

하고 으쓱하며 답한 적이 있다. 이런 얘기를 남편과 주고받으면 어깨에 뽕을 한껏 넣으며 다 자기를 닮아 그렇다는 것이다.

"내가 미술전공 하려고 했는데 엄마가 돈 많이 든다고 하지 말래서."

"우린 그거 하나는 천생연분인가 보다. 나도 그랬는데."

"에이, 자기는 내 실력에 잽도 안 되잖아."

"헐, 무슨 기준으로 그런 얘길해?"

"나도 엄청 촉망받던 학생이었거든요."

"아, 네네 그러셨어요? 다 당신 닮았네요."

모든 부모가 똑같듯이 잘하는 건 나를 닮고 못하는 건 상대방을 닮았다고 할 것이다.

우리 부부도 마찬가지로 아이들의 미술 실력에 대한 얘기만 나오면 서로 자기를 닮았다고 우겨댔다. 누구를 닮은 게 중요한 게 아니라 두 사람의 좋은 유전자를 받아서 잘하는 것 이라고 결론 내렸다.

그림뿐만 아니라 액괴를 베이킹 소다, 아이클레이, 물풀 등을 이용해서 직접 만들고 뭐든 조립하는 걸 좋아해서 집이 엉망이 되곤 했다. 깔끔한 성격인 나는 너저분한 꼴을 못 봐서 아이들을 다그치고 얼른 치우라고 닦달하곤 했다. 유아 강연에 가서 들은 얘기였는데 이런 경우 아이들이 끝까지 하도록 놔두고 격려해주어야 한다고 했다. 깔끔한 성격이 아이를 망칠 수 있다고 했다.

강연을 들은 후로 아이들에게 절대 도중에 치우라고 닦달하는 법은 없고 더 열심히 놀라고 한다. 나에게 온 엄청난 변화이다. 아이들이 미술에서 만들기 숙제를 하고 집으로 가져오면 엄마들은 말한다.

"아이고 오늘도 쓰레기 들고 왔네!" (엄마의 혼잣말이다)

"엄마, 이거 완전 멋지지 않아?

"내가 혼자 다 만든 거다. 이거 절대 버리면 안 돼, 알았지?"

"으응……"

엄마들은 못내 쓴웃음을 지으며 며칠을 가지고 있다가 일찍 가져온 순서대로 하나씩 정리해 버린다. 그리고 나중에 아이가 버린 걸 찾으면 시치미를 뚝 떼며 아카데미 여우주연상급으로 연기를 한다.

"글쎄, 그게 어디 갔을까? 분명히 여기 어딘가에 뇌뒀는데? 이상하네. 다음에 다른 거 또 만들어 오잖니?" 하며 아이를 안심시킨다.

집을 어지럽히고 옷을 더럽히는데 좋아할 부모가 어디 있겠는가? 아이의 창작활동과 정서함량을 위해 부모가 희생하고 양보하는 것이다. 미래의 피카소와 앤디워홀이 된다면 기꺼이 희생하리라. 자신이 좋아하는 그림을 그리고 창작을 해낼 때는 그 누구보다도 진지하고 행복해 보인다. 내 아이가 행복할 수 있는 일을 하길 진심으로 바란다. 요즘은 시대가 많이 달라져서 직업도 다양해지고 소위 잘나간다는 사짜 붙은 직업은 인기가 떨어진지 오래고 특색 있고 개성 있는 직업들이 각광받는 시대이다. 우리 세대들에게 인기 있었던 직업들은 이제 밥벌이도 어려워졌다. 처음 들어보고 생소한 직업들이 많아진 만큼 우리 아이들의 미래는 밝을 것이다. 그만큼 새로운 일에 도전한다는 뜻이기에……:

이 얼마나 발전적이고 진취적인 일인가? 아직까지 직업=밥벌이가 되는 현실이 아쉽기는 하지만 자신의 행복을 위해 과감히 돈을 포기하고 꿈을 향해 달려나가는 미래의 피카소와 앤디워홀에게 박수를 보내고 응원한다.

당근과 채찍 사이

아이를 키우다보면 큰소리가 날 때도 있고 매를 들 때도 있다. 뭐든 적당한 게 좋은데 감정조절이 안 되서 아이를 심하게 다그치고 혼내다 보면 역효과가 나기 마련이다. 아이들을 키우는 부모들이 가장 힘들어 하는 부분이 아마 훈육인 것 같다. 너무 오냐오냐해서도 아이의 버릇이 나빠지고 그렇다고 너무 혼만내서도 아이가 의기소침해지니 적절히 조절해서 훈육하는 것이 관건일 것이다. 그래도 요즘시대에는 채찍보다는 당근이 우선 순위이지만 예전 우리 어릴 때는 어땠는가?

부모님이 화가 나시면 집에 있는 모든 물건들이 회초리가 되었다. 파리채, 효자손, 구둣솔 등 무시무시한 것들이었다. 등짝에는 파리채 손잡이 자국이 남기도 하고 구둣솔 자국도 남아서 엄청 속상하고 슬펐다.

"나를 때리는 저 엄마는 아마 새엄마일 거야. 그렇지 않고서는 이럴 수가 없어. 언니야, 우리 진짜 엄마 찾으러 갈까?"

엄마에게 사랑의 매를 맞은 날이면 우리 자매의 일상 대화는 기승 전 새엄마였다. 하지만 그 시절에는 당연히 잘못하면 맞고 아무 도구로 맞아도 반항한번 못하고 살았던 것 같다. 그렇다고 잘한다고 칭찬을 받아본 기억도 가물가물하다. 요즘은 매를 들면 아이가 부모를 고발하는 시대이다. 섣불리 매를 들고 감정만 앞세워 부모 노릇하면 큰일 나는 세상이다.

매스컴에 종종 터지고 있는 아동학대 사건을 보면 참으로 가슴이 아프다. 아이가 무슨 죄일까? 부모 잘못 만나 꽃도 한번 피워보지 못하고 떠난 아이들이 너무나 안타까웠다. 사랑의 매랍시고 아이들을 엄청나게 때리고 구박하고 정신적 육체적으로 학대를 가했을 것이다. 이런 일을 저지른 부모들의 특징을 살펴보면 본인들도 어렸을 때 학대를 받았거나 정상적인 가정에서 자라지 못해 정신적으로 고통스러운 생활을 했다고 한다. 이 얼마나 가정이 소중한가? 한 아이의 인생이 달려 있다. 부모로서 책임감 있게 아이를 키우고 가르치고 보살펴야 한다는 게 절실하다. 내 손에 아이의 운명이 달려있으니 이 얼마나 무서운 일인가? 정신 똑바로 차리자. 빼박 캔트라 했다. 단추를 잘못 끼우면 다시 끼기 힘들다. 처음에 잘 끼우기를 부탁한다.

유아교육 강의 중 강사가 한말이 떠올랐다. 회초리는 하나만 만들어서 다른 걸로는 절대 사용하지 말고 그 회초리 하나만 사용해야 한다고 했다. 이것저것 회초리로 사용하다 보면 아이도 혼란스럽고 매에 대해 불신감만 커질 뿐이다. 나도 아이에게 매를 드는 일이 거의 없지만 정말 큰 잘못을 했을 경우에는 매를 가져오게 해서 잘못된 부분을 이해시켜주고 따끔하게 가르친다. 그런 후에는 꼭 안아주며 아이의 마음을 풀어준다.

우물 안의 엄마들

속담에 '우물 안 개구리'라는 말이 있다. 이 말은 우물 안에 갇혀 사는 개구리는 우물 안의 세상이 전부라고 생각하고 판단해서 바깥세상의 형편도 제대로 모르면서 자신의 생각이 옳다고 생각하고 산다.

내 주변에도 의외로 우물 안 개구리로 사는 사람들이 많다. 아이들에게는 넓은 소견을 가지고 살라고 강요하면서 정작 부모들은 그 틀에서 벗어나지 못하고 벗어나는 걸 두려워 한다. 자기의 생각이 잘못됐다고 판단되면 고치고 새로운 걸 받아들여서 자신을 발전시켜야 하는데 말이다.

지인 중에 한사람도 곧 죽어도 GO, 무슨 고스톱도 아니고, 자신의 생각을 좀처럼 바꾸지 않고 개구리처럼 살고 있다. 그래서인지 자녀와 트러블이 많아서 매일 죽상을 하고 다닌다.

"○○엄마, 내 말 좀 들어봐."

"왜? 또? 무슨 일 있어!"

"딸아이가 당최 내 말을 듣질 않아."

"그럼 엄마 생각이랑 다르겠지. 딸아이 의견을 존중해줘. 자꾸 자기의견만 내세우지 말고. 자기 인생이 아니고 딸아이 인생이야!"

이렇듯 나에게 매일 딸아이와의 고충을 얘기하며 힘들어 한다. 들어보면 별 내용도 아니고 자신 안에 있는 고정관념의 틀을 깨고 사고를 전환하면 아무것도 아닌 일인데 내 생각의 틀 속에 갇혀서 허우적대고 있는 것이다.

지인의 아이는 초등학생인데도 매일 턱받이처럼 손수건을 목에다 매고 다녔다. 대체 무슨 연유에서 턱받이를 매일 하는가? 그것이 알고 싶다. 난 아이 둘을 키우면서 아기 때도 턱받이를 잘 안 해봤는데…… 내 상식으로는 영 이해가 되지 않았다. 궁금한 건 못 참는 성미라 그 아이의 엄마에게 자연스럽게 물어보았다.

"○○, 근데 목에 손수건은 왜 만날 해?"

"아, 우리 애가 목이 약하고 기침도 자주 해서요."

"근데 손수건 한다고 나아져요?"

"저는 하는 게 나을 거 같아서요."

기침을 하고 목이 약하면 다른 방도를 찾아야지 손수건을 목에 매준다고 달라지겠는가 말이다. 또 더운 날에도 남들과 다르게 옷을 두껍게 입히는 등 자기만의 소신이 너무 강했다. 내 동생이라면 가르치기라도 하겠는데 남이니 내가 감 놔라 배 놔라 할 수도 없는 상황이고…… 자기 자식 자기주관대로 키우는 건 맞는데 남이 보기에도 안 좋고 아이도 답답하고 하기 싫은 걸 억지로 하니 얼마나 스트레스를 받겠는가? 그래서인지 그 아이는 항상 날이 서 있었다. 5일 중 어쩌다 하루 기분이 좋을까? 그 외에는 항상 얼굴에 인상을 쓰고 있어서 그 영향이 우리 아이에게 까지 옮겨질까 두려웠다. 우물 안 개구리가 올챙이를 낳아놓으니 어찌 그 영향이 미치지 않겠는가? 모르고 서투르면 배우고 고쳐야 하는데 자기방식만을 내세워 아이를 힘들게 하는 것 같아 같은 엄마입장으로 마음이 짠했다.

나는 팔랑귀도 아니고 그렇다고 내 소신만을 밀어붙이는 옹고집도 아니다. 부모는 내 아이가 잘 자라게 하기위해 언제든 장르를 바꾸는 연예인이 되어야 한다.

돈 꽃! 사랑 꽃!

돈, 나도 엄청 좋아하는 거지만 우린 서로 친하지가 않다. 돈 산을 쌓고 싶은데 돈 산커녕 돈 밭도 없다. 나도 돈과 친해지고 싶은데 나만 피해가는 것을 무슨 재량으로 이기겠는가? 그래서 돈 꽃이 아닌 사랑 꽃을 피우기로 마음먹고 내 자신과 아이들에게 사랑 꽃을 나누어 준다.

내 주위에도 돈과 친한 사람도 있고 영 멀리 있는 사람도 있다. 아이를 키우는데도 일명 돈지랄하는 사람들이 많이 있다. 나는 그렇게 풍족하게 해줄 돈도 없을 뿐더러 있다하더라도 돈만으로 아이들을 가르칠 생각이 없다. 요즘 돈 있는 엄마들이 제일 잘하는 말이 무엇인지 아는지요?

"넌 돈 걱정하지 말고 공부만 열심히 해. 네가 필요한 건 다 시켜 줄 테니까"이다.

돈으로는 뭐든 할 수 있다는 걸 어릴 때부터 보여주면 아이들은 돈의 노예가 될 수밖에 없다. 인성도 없어지고 생각도 없어지고 그러다 보면 양심도 없어져서 똑똑한 바보가 될 것이다. 사회의 엘리트들이 범죄를 저지르는 것이 부모들이 돈으로 아이를 키우고 사랑 꽃은 주지 않아서이다. 사회적으로 충격적이었던 고려대 의대사건은 아직도 소름이 끼친다. 소위 SKY에 보내 그것도 의대에 보내 남들 우러러보는 의사이니 부모며 당사자인 자식도 얼마나 뿌듯하고 좋겠는가? 제일 윤리도덕을 지켜야 할 의사가 같은 과의 친구를 술을 먹여서 성폭행을 하고, 잘못도 뉘우치지 않고…… 더 울분이 가시지 않는 점은 가해자 부모들 이란 사람들은 또 돈으로 아이들의 죄를 없애 주려한다. 그런 사람들이 의사가 돼서 우리를 진료한다고 생각해보라? 또 수면내시경 환자에게 마취 시킨 뒤 성폭행을 한 의사 등등…… 전적으로 믿고 맡겨야 하는 의사인데 이제 그들에게 믿고 몸을 맡길 수가 없다. 소수의 잘못된 사람들로 인해 다수가 피해를 보는 실정이다. 이런 소수의 사람들도 예전에 많이 들었던 말이 있었을 것이다.

"넌 아무 걱정하지 말고 공부만 해. 딴 생각하고 성적 내려가면 알아서 해."

공부만 잘해서 좋은 직업을 가져서 지위는 높아질지 모르겠지만 인성은 바닥일 것이다. 이런데도 아이들에게 공부만을 강요할 것인가?

예전에 영어발음을 좋게 한다는 이유로 엄마들 사이에서 유행하는 수술이 있었다. 바로 설소대 수술이다. 설소대 수술은 혀 밑에 연결되어 있는 선을 잘라 혀를 길게 해서 영어 발음을 좋게 한다는 취지인데 오히려 발음과는 아무런 관련이 없고 발음만 새게 만드는 부작용이 있다고 한다. 과도한 조기교육의 열풍으로 어린 아이들의 멀쩡한 혀 밑을 자른다니 생각만 해도 끔찍하다. 아무 반항도 하지 못하고 아이들은 부모가 그저 시키니까 따르는 수밖에 없다. 이것도 돈이 많아서 벌어진 일이다. 아파서 수술 하는 것도 아니고 발음이 좋아진다고 검증된 것도 아닌데 어찌 그리 겁 없는 행동을 서슴없이 하는지 부모로서 이해가 되지 않는다. 수술을 통해서라도 아이의 발음을 좋게 하려는 부모의 그

롯된 인식에서 비롯된 것이다. 혀 수술까지 시켜 버터 바른 발음을 만들고 싶은가. 엄연히 나라가 다르고 배운 언어가 다른데 원어민처럼 발음을 구사 할 수 있다는 게 말이 되느냐 말이다.

여기서 반기문 전 유엔사무총장 이야기를 하지 않을 수가 없다. 반전 사무총장은 어려운 가정형편에 외교관이 되겠다는 꿈을 갖고 그 흔한 학원을 다닌 것도 아니고 혼자서 영어실력을 쌓았다. 고등학교 때 전국에서 4명 뽑는 미국 방문 프로그램에 선발되어 미국을 방문해서 케네디 대통령을 만나서 외교관의 꿈을 더 확고하게 다졌다고 한다. 외교관의 필수인 영어를 하기위해 혼자 얼마나 노력을 많이 했겠는가? 그 당시에는 학원도 과외선생도 없는데 지구촌의 대통령이 되기까지 얼마나 피나는 노력을 했겠는가?

그런데 어떤 이들은 반 총장의 발음에 문제를 두고 지적질이다. 유엔에 모인 모든 사람들 뿐만 아니라 전 세계 사람들도 동양인 그것도 KOREA에서 온 사람이 영어를 어떻게 저렇게 잘하냐고 야단인데 발음을 문제 삼는 사람은 우리나라 사람밖에 없다. 뭣이 중헌지를 모르는 사람들 같으니……. 전 세계인들은 반총장의 연설문 내용을 보고 영어 구사 능력에 대해 칭찬하는데 말이다. 쓸데없는데 목숨 거는 사람들. 그러니 자기 자식의 멀쩡한 혀도 자르는 부모들이 있지 않은가?

반 총장이 저렇게 훌륭하게 자랄 수 있었던 것도 부모님의 사랑 꽃이 가득해서 였다. 아버지와 어머니 모두 넉넉한 살림은 아니지만 아들의 말을 존중해주고 믿고 응원해 주었다. 부모는 돈으로 자식을 키우는 것이 아니라 사랑으로 키우는 것이다. 그것은 예나 지금이나 변하지 않는 진리이다.

이렇듯 사랑을 받고 자란 사람들은 자기 자식에게 사랑꽃을 피워가며 사랑을 대물림 할 것이다. 이보다 더 좋은 유산 상속이 또 어디 있겠는가?

감수성이 풍부한 아이로 키우기

어릴 때부터 감수성이 풍부했던 나는 눈물도 많았고 계절 변화 등 소소한 일에도 감탄하는 일이 많았다. 비가 오면 분위기가 좋아서 좋고 맑은 날은 햇볕이 쨍쨍해서 좋고 꽃이 피면 아름다워서 좋고 낙엽이 떨어지면 낭만이 있어서 좋고 눈이 오면 세상이 온통 하얘서 좋았다.

비가 오는 날이면 창가에 온종일 앉아서 책도 읽고 사색도 하고 빠질 수 없는 커피를 마시며 분위기를 냈다. 이런 것들이 어릴 때 읽은 빨강머리 앤 덕분이 아닐까 싶다. 나의 어릴 적은 아버지의 사업 실패 후 많은 혼란과 피폐함이 찾아왔다. 하루가 멀다 하고 걸려오는 빚쟁이들의 전화가 트라우마로 다가왔다. 전화기 소리만 들어도 깜짝깜짝 놀랐다. 평생 글을 읽고 바둑과 친하던 분이 덜컥 사업이라고 벌려 놓으니 잘 될 턱이 있겠는가? 어린마음에도 사업파트너인 큰아버지가 원망스럽기 그지없었다.

"아버지는 사업에 사짜도 모르는 분이 뭔 사업을 한다고. 내가 아침마다 전화벨소리만 들으면 심장이 쿵쾅거린다."

매일 이런 소리를 들어야 하는 엄마의 심정은 오죽 했겠는가? 기분이 울적할 때마다 아버지가 사다주신 '빨강머리 앤'을 읽으며 상상의 나래를 펴곤 했다.

"그래, 앤처럼 고아인 아이도 하루하루 행복하게 사는데 이 정도야 세발의 피지."

라고 생각하며 나의 암담한 현실을 조금이나마 위로했다. 앤은 나를 긍정의 아이콘으로 만들어준 멘토이다. 지금까지도 빨강머리 앤 책을 소장하며 괴로운 일이 있으면 꺼내서 읽어보곤 한다. 딸아이에게도 아픈 시절을 조금이나마 잊을 수 있게 해준 빨강머리 앤 책을 권해주었다. 딸아이도 연신 앤이 존경스럽다며 좋은 성격을 본받고 싶다고 했다.

딸아이의 국어시간 "진정한 행복에 대하여" 라는 주제로 수행평가가 있었다. 딸아이는 내가 권해준 빨강머리 앤의 내용을 언급하며 진정한 행복은 돈과 권력으로 정해지는 것이 아니라 자신의 행복 기준을 만들어서 충분히 행복하고 성공한 삶을 살수 있다고 제출해서 만점을 받았다고 한다. 딸과 아들도 나를 닮아서 인지 앤처럼 긍정의 아이콘이며 감수성이 무척 예민해서 조금만 행복해도 눈물을 주르륵 흘리고 조그마한 것에 감동을 하곤 한다. 얼마나 다행인 일인지 모르겠다. 남편은 연애 할 때부터 결혼생활을 하는 지금까지 우는 모습을 한 번도 본 적이 없다. TV에서 연예인이나 일반 남성들이 나와서 눈물을 흘리는 모습을 보면 참으로 신기했다.

"남자도 우는 구나! 근데 내 남자는 왜 울지 않는가? 눈물샘이 말라버렸나?

TV나 영화에서 슬픈 장면이 나오면 감정이 울컥해서 눈물 콧물을 쏙 빼는데 반면 남편은 무덤덤하게 보며 감정변화가 없는 냉혈안이다. 잔인한 장면이 나오는 데도 눈 하나 깜짝하지 않고 보는 걸 보면 소름이 돋는다. 눈을 질끈 감고 귀를 틀어막는 내가 오히려 이상하게 느껴진다. 내가 이런 남자랑 10여년을 살았구나! 이거 실화냐?

"여보, 자기는 안 슬퍼!"

"뭐가? 슬픈데."

"자기 언제 울어봤어?"

"글쎄, 잘 안 울어서."

"헉……"

"남자는 태어날 때, 군대 갈 때, 엄마 돌아가시면 그렇게 세 번 우는 거다."

"그러니 난 두 번 울었겠는데……. 참 난 군대 갈 때도 안 울어서 한번 밖에 안 울었겠네!"

"병원 상담 좀 받아봐야 하는 거 아니야?"

"내가 볼 때 좀 심각한데."

남편은 내말이 말 같지도 않은지 대꾸도 하지 않고 피해버린다. 난 예전에도 지금도 감흥이 없는 사람을 제일 싫어한다. 그런데 그런 사람이 내 남편이라니 아뿔싸! 아이들은 같이 영화를 보러 가서도 주인공이 죽거나 안 좋은 상황에 처하면 자기 일인 양 안절부절 못하고 눈물 콧물을 쏟아낸다. 영화의 주인공과 같이 웃고 울며 빠져든다. 학교에서 도시락 데이라서 쪽지에 사랑의 편지를 쓴 날이면 뽀뽀세례를 퍼붓고 감동해서 울었다며 자기가 적은 편지도 건넬 줄 안다. 아빠보다 100배 아니 1000배 낫구나. 아들 녀석은 낭만적인 구석이 한두 군데가 아니다. 아빠를 하나도 안 닮은 듯하다. 틀림없는 돌연변이이다. 아니다 내가 낭만파구나! 하하. 하교 후 집에 오는 길에 예뻐서 꺾었다며 꽃을 건넨다. 꽃을 보니 엄마 생각이 난다면서 한 송이 이름 모를 꽃이지만 아들 녀석 때문에 하루가 행복했다. 또, 줄게 있다면서 눈 감아 보라고 하고는 뒤로 감춘 손에서 하트가 몇 개가 나타난다. 손가락으로 작은 하트를 만들어 나에게 쏘곤 한다. 남편에게 못 받아본 하트를 아들 녀석이 대신 해주고 있다. 슬슬 불안해지는 건 기분 탓일까?

"이 녀석이 크면 내가 남편에게 못 받은 걸 다른 여자 아니 며느리에게 해주고 있겠군! 쓸쓸 하구만"

하지만 괜찮다 남편의 안 좋은 점을 닮지 않아 얼마나 대행인가! 이 또한 나의 학습과 노력 때문에 얻은 결과이다. 이런 아빠를 은연중에 보고 자랐음에도 반복적으로 아빠와는 반대의 사람이 되어야 한다고 학습한 결과가 더 큰 것이다.

딸아이도 아들과 마찬가지로 책을 읽다가도 울고 웃고 눈물도 많고 웃음도 많다. 그런 반면 이 노무 남편은 이래도 그만 저래도 그만 감흥이 없다. 난 조그마한 일에도 흥분하며 기쁨을 표시하는데 좋은 일에도 무 덤덤 안 좋은 일에도 별 반응이 없다.

"어머니 , 당신 아들은 어찌 저래 재미가 없어요?"

"와? 우리 ○○이는 싹싹한 게 다들 좋아했는데."

"역시 같은 피에다 시자 아니랄까봐!"

저런 아들을 두둔하고 나선다. 말을 꺼낸 나의 잘못이지 누구를 탓하리오! 어머니께 위로받고 싶은 마음에 꺼낸 이야기가 오히려 독 이 됐다. 절대 시자 앞에서는 남편의 흉을 보는 게 아니었어!

"내가 어리석었어!"

이젠 시금치도 먹지 않으리라 다짐한다. 이렇듯 감수성이 예민하고 낭만적인 아이들로 큰 것이 그냥 자연스럽게 된 것은 아니다. 어릴 때부터 아니, 뱃속에서부터 아이와 대화하며 감수성을 키워줬는데 어찌 아이가 감정이 메마른 아이로 자랄 수 있겠는가?

"아가? 잘 잤니? 오늘은 날씨가 정말 좋구나! 우리 아기 기분이 어때? 꽃이 정말 예쁘네. 오늘은 비가 엄청 내리네. 지금 엄마는 운동 중이야. 우리 축복이랑 소망이 얼른 만나고 싶네!" 라며 꼭 같이 사는 것처럼 대화하고 질문했다.

남편과 사귀면서도 연애편지 한번 못 받아 봤는데 요즘은 아이들이 엄마 고맙고 사랑한다는 편지를 수시로 적어줘서 나를 감동시킨다. 이런 게 아이 키우는 보람이 아닐까 싶다. 정성을 기울이니 이런 큰 감동을 받을 수 있다.

제4장
육아는 소통이다

어머님이 누구니?

딸아이가 첫 사회생활을 시작한 유치원은 성당에서 운영하는 천주교재단 유치원이었다. 대대로 가톨릭을 믿었던 터라 나도 자연스럽게 가톨릭 신자가 되었다. 초등학생 때 첫 영성체와 세례를 받고 지금껏 냉담하지 않고 신앙을 지켜왔다. 내 자녀에게도 올바른 종교관을 가르쳐주고 믿음을 굳건히 할 수 있도록 도와주는 것이 부모의 도리요 의무이다. 첫 사회생활을 잘 적응하고 잘 해내리라 믿어 의심치 않았다.

워낙 어리지만 사교성도 좋고 인성이 올바른 아이라 어릴 때부터 주위에서 어떻게 어린아이가 저렇게 인사도 잘하고 말도 잘하냐고 이구동성으로 칭찬했다. 유치원에서도 엄마들이 우스갯소리지만 "어머님이 누구니? 도대체 널 어떻게 이렇게 키우셨니?" 라고 묻는다고 했다. 딸아이가 잘하니 엄마가 칭찬받는 노릇이었다. 이 반대로 아이가 제대로 못하고 말썽만 피운다면 매일 불려가야 한다. 칭찬 받을 때와 꾸중 들을 때의 어머님이 누구니? 뜻은 완전히 달라진다.

전자를 풀이하면 "어쩜 넌 그렇게 잘하니? 엄마가 어쩜 널 그렇게 잘 키우셨니?" 라는 뜻이 되고 후자는 "어이구, 엄마가 도대체 누군데 너를 이따구로 키웠어!로 같은 말 다른 느낌이다.

나의 어린 시절을 돌아보면 동네분이나 선생님들에게 참 바르게 컸다는 소리를 많이 들었다. 동네 분들만 보면 인사성은 기본에 싹싹하기까지 해서 모든 어르신들이 좋아했다.

외할머니 댁에 가면 증조할머니가 계셨는데 증조할머니는 나를 특별히 아끼셨다. 속바지에 고이 넣어둔 눈깔사탕이며 과자를 언니 몰래 불러 주시곤 했다. 연세가 많아서 거동이 불편한 할머니를 어린 내가 항상 부축해서 화장실에 모셔다 드리곤 했다. 또 할머니와 도란도란 얘기도 나누며 안마도 해드리고 귀도 파드린 기억이 난다. 그러니 사랑을 받겠는가? 안 받겠는가?

"울 현경이 는 커서 시집가면 어른들한테 사랑 받겠어! 이 할미한테도 이렇게 잘하는데…… 울 경이가 최고야."

돌이켜보면 부모님들은 전혀 싹싹한 데를 찾아볼 수 없는 분인데 나만 돌연변이처럼 어른들의 마음을 녹여버렸다.

부모님들도 항상 바르게 자라고 인성이 올바른 나를 자랑스럽게 생각하셨다. 특히 아버지께서는 집에서 나를 '귀 분이' 라고 부를 정도로 아끼고 사랑해 주셨다. 술 한 잔 거하게 취하고 들어오시는 날이면 골목어귀부터 아버지가 귀분이 즉, 나를 부르는 목소리가 들렸다. 엄마는 동네사람 다 깬다고 얼른 나가서 모시고 오라고 성화셨다. 그런 아버지의 비위도 잘 맞추는 딸이었다. 언니는 아버지랑 냉대한 반면 나는 막내라 서 나에게는 더 관대하셨다. 엄마와 언니 몰래 불러 용돈을 찔러주시고 그 당시만 해도 비싼 과일이었던 바나나를 사서 안기시고 골목입구에 있던 풍미제과에서 항상 내가 좋아하던 만주를 사다 주셨다.

한 평생 학자처럼 책을 손에서 놓지 않으셨던 분인지라 우리에게도 책을 아끼지 않고 사다 주셨다. 신문에 좋은 칼럼이 있으면 오려서 저녁에 꼭 우리 자매에게 들려주셨다. 그 영향이 컸던지 지금의 언니와 내가 있었던 것 같다. 그 당시에 읽었던 '빨강머리 앤'을 보며 나의 사춘기를 보냈다. 지금도 빨강머리 앤을 너무 좋아해서 책을 소장하고 있고 이모티콘도 사서 지인들에게 뿌리곤 한다. 우리 집 지붕을 초록색으로 바꾸고 앤의 머리처럼 빨강색으로 염색하고 싶었다. 상상력이 풍부하고 긍정적인 앤을 닮고 싶었다. 앤은 나의 꿈이자 롤모델이었다. 앤을 보고 자라서인지 나도 상상력과 긍정적인 마인드로 살아가고 있다. 빨강머리 앤의 책속에 이런 문구가 있다.

"행복한 나날이란 멋지고 놀라운 일들이 일어나는 날들이 아니고 진주알이 하나하나 한 줄로 꿰어지듯이 소박한 기쁨들이 조용히 이어지는 날들이다."

그렇다. 모든 사람들은 행복이 아주 멀리 있다고 생각하는데 별일이 일어나지 않고 평범하게 반복되는 일상이 행복이라고 했다.

"앤, 고마워. 너 때문에 힘든 걸 참고 견디며 살았어."

그래서인지 내 아이에게 추천해 주는 도서 중에 하나가 '빨강머리 앤'이다. 딸도 앤을 무척 좋아 한다. 앤을 보고 많은걸 보고 배웠다고 한다. 2대에 걸쳐 앤 홀릭 인 것이다. 하늘나라에서 앤도 앤을 만들어낸 작가도 웃고 있을 듯하다.

유치원 가고 싶어 안달 난 아이

아이들의 첫 사회생활인 유치원을 보낼 때 난 별로 긴장하거나 걱정을 해본 적이 없다. 나를 닮아서인지 적응력 하나는 끝내줬다. 첫째아이도 유치원 몇 년 다닌 아이처럼 여느 아이와 다르게 대범하게 적응해서 유치원 선생님들과 우리 부부를 놀라게 했다. 유치원 버스 타는 첫날 혹시 아이가 나랑 떨어진다고 울면 어쩌나 하고 숨죽이고 있는데 아이는 오히려 태연하게 손까지 흔들며 나를 배웅했다.

"엄마 갔다 올게."

"이따 만나, 안녕."

하고 버스를 탔다. 탑승 후 에도 자리에서 계속 손을 흔들며 엄마와 눈빛교환을 했다.

"우리 딸, 잘 다녀와. 사랑해."

머리위로 하트도 그리고 엄지손가락을 치켜세우며 연신 최고라고 해주었다. 몇몇 아이들은 울면서 버스를 안타겠다고 울고불고 난리도 아니었다.

　등원시간이 정해져 있어 다른 코스에도 기다리는 아이들이 많아서 기사아저씨와 선생님께서 무척 난감해 하셨다. 엄마가 어떻게든 달래서 버스에 억지로 밀어 올리니 아이는 손잡이를 부여잡고 엉덩이를 쭉 빼서 땅바닥에 앉을 기세다. 버스에 탑승한 아이들은 눈이 동그래져 "쟤가 왜 저러나? 하는 표정으로 아이를 주시한다. 엄마들도 우는 아이 때문에 버스에 잘 탑승한 아이까지 전염되어 내리겠다고 하면 어쩌지 하는 표정으로 두 손 모으고 지켜본다. 도저히 더 지체 할 수 없던 지라 선생님은 완력으로 아이를 끌어 당겨 태운 후 울건 말건 홀연히 사라진다.

　선생님 눈에도 그 순간에는 아이가 얼마나 미웠겠는가? 표현은 안 했어도 도대체 어떤 차이로 아이들이 이렇게 다를까? 라고 아마도 생각했을 것이다. 유치원에서 돌아와서는 초롱초롱한 눈빛으로 있었던 일들을 요모조모 얘기해주며 신나했다.

　"엄마, 빨리 내일이 왔으면 좋겠어!"

　"왜!"

　"유치원 가고 싶어서."

　"선생님이랑 친구들 얼른 만나고 싶어."

　"우리 딸, 유치원이 그렇게 좋았어요?

　그렇게 아이는 유치원 생활 하루하루를 즐겁고 신나게 했다. 내가 낳았지만 참 희한도하지. 일요일 저녁에는 모두 월요병 때문에 잠 못 이루는 밤이지만 딸아이에게만은 달랐다.

　"와~ 내일은 월요일, 유치원 간다!" 다른 아이들이 이해 못할 일을 내 딸이 하고 있었다. 어쨌거나 나 또한 신나는 일이었다. 아이가 가기 싫다고 하면 어쩌지? 라는 불안감은 눈 녹듯 사라졌다.

유치원에서도 오빠, 언니, 친구들과 잘 지내서 얼마 지나지 않아 팬레터들이 가방에 수북이 쌓여 있었다. 특히 오빠들의 사랑을 독차지해서인지 남자아이들의 편지가 많았다. 남편과 편지를 보며 행복한 고민을 했다.

"여보, 당신 딸 남자들 좀 울리겠는데? 5살짜리가 오빠들한테 얼마나 예쁘게 굴었으면 고사리 손으로 편지를 적어서 줄까?"

편지의 내용도 이랬다.

"ㅇㅇ아, 너무 귀엽고 네가 좋아 사이좋게 지내자"다.

내가 마치 아이돌을 둔 엄마 같은 기분이랄까?

입학하고 몇 달이 지나 선생님과의 상담시간이 있었다. 선생님이 나를 대하는 태도가 달랐다.

"아이고, 어머니. ㅇㅇ이는 너무 똑똑 하구요 예쁘고 성격도 좋고 나무랄게 하나 없는 아이예요. 5살 같지 않아요, 생각도 깊고 정말 놀랬어요! 어머니, 비법 좀 알려 주세요!"

"저도 나중에 시집가서 ㅇㅇ같은 아이 꼭 낳고 싶어요!" 기대는 했으나 뜻밖의 얘기를 들은 나는 상담 중 기쁨의 눈물을 흘렸다. 선생님은 당황하면서 휴지를 건네주었다.

"당연히 가르쳐 드려야죠! 언제 선생님들 모두에게 강의 한 번 할게요!"

유치원 선생님과 친구들에게 사랑을 많이 받는 아이였다. 집에 돌아와서 제 2의 눈물을 쏟아냈다. 아이가 대견해서 울고 웃고 더 잘 키워야겠다는 부담감으로 쉽게 잠이 오지 않았다.

남편이 병원에 입원한 일이 있었다. 같은 병실을 쓰는 할아버지는 거동을 못해서 24시간 간병인이 붙어서 돌봐주고 있었다. 매일 거의 같은 시각 곱고 세

런되게 차려입고 오는 할머니, 그 할아버지의 부인이었다. 병실 문을 열고 들어오는 포스가 장난이 아니었다. 허리를 120도로 재끼고 턱은 천장을 향해 치켜들고 안경은 코 위에 살짝 걸친 채 간호사들에게 눈인사를 하며 들어오곤 했다.

"저 할머니 뭐야? 잘난 척 쩌는데!"

"아, 저 분 아들 둘이 다 의사예요. 며느리도 다 의사고. 아들 둘에 며느리까지 의사집안인데 그럴 만도 하죠!"

"아, 그렇겠네요!"

아이 둘을 의사로 키웠다면 정말로 독하게 마음먹고 가르쳤을 것 같다. 그러니 자기 자신에게 보상이라도 하듯 화려하게 꾸미고 "나 아이 둘 의사 만든 여자야." 하고 자랑하듯 배를 내밀고 다니는 것이다. 그 정성과 노력은 가히 칭찬과 존경을 받을 만하다. 꼭 의사여서만은 아니다. 오해하지 마시길.

부모는 아무리 자기가 잘났어도 자식이 자신보다 더 잘되길 바라고 혹여 잘못 되기라도 하면 주눅 들어 살게 된다. 아이를 잘 키워서 기세등등하게 살아야 하지 않겠는가? 우리도 허리 재끼고 걸어 보즈아! 가보즈아!

딸아이는 3년 동안 유치원을 다니며 아파서 결석한 것 빼고는 단 한 번도 가기 싫다고 떼 쓴 적이 없다. 다른 엄마들은 그런 딸아이가 신기해서 모두 혀를 내둘렀다. 유치원 참여수업만 가면 나는 다른 학부모들의 인사를 받느라 바빴다. 이름표를 보고는

"ㅇㅇ이 엄마세요? 우리애가 집에만 오면 ㅇㅇ이 얘기를 해서요,"

"아, 네."

"애가 너무 예쁘고 사랑스럽고 똑똑하다고 칭찬을 하도 해서 오늘 꼭 보려고 벼르고 왔네요!"

"아이고, 감사합니다."

이렇듯 아이는 누구에게나 사랑받고 인기가 좋았다. 아마 그래서인지 유치원에 가서 자기의 능력을 발휘하고 싶었나보다. 유치원 학예 발표회에 가보면 꼭 울면서 멍하니 율동도 하지 못하는 아이들이 더러 있다. 연습을 많이 하고 올라가는 무대이지만 많은 사람들 앞에 서본 경험이 없다보니 긴장되고 무서운 마음에 배운 것 도 까맣게 잊어버려서 선생님들과 부모들을 당황시키곤 한다. 이런 것들도 자존감이 없기 때문에 일어나는 일들이다. 어릴 때부터 아이에게 자존감을 키워 주는 게 중요하다.

"ㅇㅇ아, 네가 가장 소중한 존재라는 거 알고 있지! 누구보다 자신을 가장 소중히 여기고 사랑해야한단다."

그래서 난 우리아이에게 어릴 때부터 자존감을 키우는데 주력했다. 그래서 어디서든지 자신감 있게 모든 걸 해낸다. 자존감이 높은 아이들은 어떤 일을 함에 있어 자신감과 당당함이 있어 실패를 하더라도 빨리 딛고 일어 설수 있는 힘이 있다.

"부모들이여! 아이들에게 자존감을 키워주자."

그것이 우리 부모가 해야 할 가장 기본적이고도 큰 일중에 하나이다. 그럼 첫 사회생활인 유치원부터 차근차근 훌륭히 해낼 것이다.

아래층 집에서 세뱃돈 받는 아이

둘째 아들을 데리고 외출하기 위해 엘리베이터를 탔다. 조금 있다가 바로 아래층에서 엘리베이터 문이 열리면서 아래층 아줌마가 탔다. 우리 아들은 언제나 그랬던 것처럼 큰소리로 아래층 아줌마에게 인사를 했다.

"안녕하세요?"

"아, 그래. ○○이구나. 잘 있었니?"

"네."

"구정인데 내가 세뱃돈 한 닢 줘야겠다." 하시면서 만원 한 장을 아들에게 내미는 것이 아닌가!

"괜찮은데요. 안 그러셔도 되요."

"아니에요. ○○가 인사도 잘 하고 씩씩하고 집에서도 조심해서 걸어서 세뱃돈 꼭 주고 싶었어요. 맛있는 거 사먹어!"

"감사합니다."

128

엘리베이터에서 만 원 한 장을 받은 아들은 입이 헤 벌쭉 해져서는 연신 웃어댔다. 솔직히 깜짝 놀랐다. 아래층에서 세뱃돈을 받는 아이들이 몇 명이나 있을까 싶었다. 내심 우리 아들이 자랑스러웠다.

공동주택에서 살게 되면서 층간소음으로 인한 문제가 종종 발생하는 걸 TV로 보게 된다. 너무나 어이없는 사건들이 발생한다. 층간소음이 이제 정말 사회문제가 되었다. 두 집 사이에 분쟁이 생기면 싸우다가 관리실이 개입하게 되고 그래도 안 되면 경찰을 부르기까지 한다. 층간소음이 심해지면서 이웃사이센터라고 해서 소음도 측정해주고 또 두 집 간의 불화도 좀 좁히면서 너무 심한 세대는 벌금까지 부과하는 법이 생겼단다. 내가 볼 때 층간소음은 두 집의 문제이지 나라가 개입해서 해결된 문제는 아닌듯하다. 설사 벌금이 부과가 되었다 하더라도 아랫집에 대한 분노만 높일 뿐이지 소음을 줄이려는 노력은 하지 않을게 뻔하다. 벌금이 부과되는 순간 보복소음까지 하게 되지 않을까?

우리 아파트는 저녁마다 아파트 관리실에서는 방송을 해댄다. 정말 층간소음이 문제다. 층간소음에서 가해자는 없고 피해자만 존재 한다 왜 그럴까? 그만큼 배려하지 않기 때문이다. 나도 위층의 소음 때문에 한두 번 위층에 올라간 적이 있다

"누구세요?"

"아랫집인데요."

"왜 그러시죠?"

"너무 소음이 심해서 올라왔습니다. 지금 뭐하시는 중 가요?"

"아, 네 운동을 좀 했어요."

헉, 아파트에서 공동주택에서 저녁 시간에 거실에서 쿵쿵거리며 운동을 했단다. 아이쿠, 어머니 여기서 이러시면 안 됩니다. 왜 이렇게 이기적일까? 남을

배려하는 마음도 없고 미안해하는 기색조차 없다.

　이렇게 한 번 올라가고 나서는 보복 소음이 발생하기도 하고 그 반갑게 인사 잘하던 사람이 엘리베이터에서 만나면 인사도 하지 않는다. 본인이 공동주택에서 소음을 발생시켜 놓고는 똥 뀐 놈이 성낸다고 적반하장도 유분수다. 도리어 보복 소음을 내다니 참 할 말을 잃게 만든다. 다른 사람한테는 다 인사를 하면서도 나에게는 하지 않는다. 우리 아이들이 큰 소리로 인사를 하면 마지못해 받는 척을 하지만 나에겐 절대 인사하지 않는다. 난 아이들에게 무조건 인사를 잘 하라고 얘기한다. 특히 아래층에는 본의 아니게 피해를 줄 수 있기 때문에 더욱 인사를 열심히 하라고 한다. 그래서인지 우리 애들 둘은 아래층의 부부나 자녀를 보면 인사를 큰 소리로 한다. 혹시나 우리 아이들 때문에 시끄러울 수 있으니 많이 친해지면 그래도 좀 이해받을 수도 있지 않을까?

　공동주택에 살면서 어찌 소음이 없을 수가 있겠는가! 배려가 문제이다. 대부분 사람들은 아이들이 뛰는 걸 어떻게 하느냐고 볼멘소리다. 난 층간소음은 어른의 문제라고 생각한다. 어른들이 생각 없이 소음을 발생시키고 아이들이 함부로 걷고 뛰어도 아무런 말도 하지 않는다. 귀하다고 나무라지 않는다. 층간소음으로 아이를 나무라면 내 아기가 기죽는단다. 그런 일로 내 아이가 기가 죽는다구요? 설마요 대책 없는 아이가 커서 기가 죽을 거예요! 부모님께서 우리 아이들을 제대로 가르치길 당부 드린다. 적어도 내 아이가 소중하다면.

　아이에게 주의를 시키고 시끄럽게 하면 아래층에 피해를 줄 수 있다는 사실을 주지시키는 것이 정말로 중요하다. 부모가 조심하면 아이들은 따를 수밖에 없다. 개념 없는 부모가 개념없는 아이를 만든다는 건 정말 사실이다.

　내가 걷고 있는 바닥은 아래층의 천장이다. 이 사실을 객관적으로 바라보면 어떻게 행동해야 할지 답이 나온다. 내가 백번 쿵쿵 걸으면 아래층은 백번 쿵

쿵 소리를 들어야 한다. 이런 지옥이 어디 있겠는가? 위층에서 아래층에 큰 소리로 씩씩하게 인사하는 사람이 과연 몇이나 될까요?

내 아이가 귀할수록 제대로 가르치고 제대로 교육해야 한다. 귀하다고 가르쳐야 할 것을 가르치지 않는다면 커서 잘못된 행동을 하면 그건 내 얼굴에 침 뱉는 행동이다. 아이는 부모의 거울이라고 했다. 어렸을 때 어떤 습관을 들여 놓느냐가 내 아이가 성인이 되었을 때 제대로 된 삶을 사는 지름길이다. 커서 제 멋대로 행동하면 그 때 뜯어고치려면 몇 백 배의 고생을 하게 된다. 아니, 고쳐지지 않을 수도 있다.

공동주택에 사는 부모님들이여! 내 아이에게 큰 소리로 얘기해 보세요. 아래층 분들을 만나면 큰 소리로 인사하라고 말입니다. 그리고 집 안에서는 조심히 걸으라고 말입니다. 까치발로 한번 걸어보라고요.

내 행동이 남에게 방해가 될 수 있다고요. 이렇게 가르칠수록 우리 아이들의 인성은 날로 발전할 거예요. 제 말 믿고 한번 실천해보세요. 우리 아이들이 현대 사회에서 개념 없는 무개념의 아이로 자라시길 바라시진 않으시죠? 함께 사는 사회에서 배려를 가르쳐 주세요.

누군가는 내 집에서 내가 내 멋대로 사는데 웬 참견이냐고 하겠지만 내 집이라고 내 몸이라고 내 생각이라고 함부로 행동한다면 그건 동물과 다른 점이 무엇이겠습니까?

정말 조심해서 행동하고 아래층과 친하게 지낸다면 여러분의 자녀도 까치까치설날에 세뱃돈을 거머쥐는 행운을 얻지 않을까요? 그건 바로 여러분의 교육방침에 달려있소이다.

떼쓰는 친구 달래주는 아이

어린 나이답지 않게 딸아이는 인사성, 사교성, 리더십, 친화력 등이 있어 유치원이나 학교 모두에서 잘 적응하고 친구들을 빨리 사귀어서 주위에는 항상 아이들이 들끓었다. 한번은 유치원 같은 반 친구 엄마에게 전화가 왔다.

"ㅇㅇ엄마시죠? 저 ㅇㅇ엄마예요."

"아, 네. 안녕하세요! 무슨 일이라도 있나요?"

"다름이 아니라 ㅇㅇ이가 너무 기특하고 예뻐서 칭찬 좀 하려고요!"

"저희 딸이 하원하면서 떼를 쓰고 고집을 부리니까 글쎄 ㅇㅇ이가 저희 딸을 다독이더라고요.

"친구야, 네가 자꾸 떼쓰니까 엄마가 많이 힘드시겠다. ㅇㅇ야 이제 그만하고 집에가, 알았지? ㅇㅇ이가 너무 대견하고 예쁘네요!'

"어떻게 저렇게 어린아이가 어른처럼 아이를 달래는지요? 정말 놀랐어요. 우리아이는 떼만 쓰고 저를 이렇게 힘들게 하는데 말이죠!'

"같은 나이 라는 게 믿기지가 않을 정도네요. 나중에 비법전수 좀 해 주세요!"

"아, 네 언제든지요."

같은 나이면서 친구를 다독이는 모습이 눈에 선하게 그려졌다. 친구엄마는 연신 감사하고 언제 밥이나 차를 사겠다고 말하며 전화를 끊으셨다. 내 아이지만 참 마음이 예쁘고 사랑스럽고 기특하다. 5살짜리가 본인도 어린데 친구를 위해 그런 위로를 했다는 게 믿기지 않으면서도 왠지 어깨가 으쓱해졌다. 나 또한 아이를 더 잘 가르쳐야겠다는 막중한 책임감이 들었다.

또 한 번은 유치원 버스를 기다리고 있는데 한 아이가 유치원버스를 타지 않 겠다고 울면서 엄마 치맛자락을 붙들고 늘어지며 떼를 썼다. 아이엄마는 난감 해 하며 어쩔 줄을 몰라 했다. 버스가 도착하자 아이는 더 격렬하게 저항하며 타지 않으려 엄마에게 매달렸다. 그 모습을 잠자코 보고 있던 딸아이는 친구 에게 다가가서 이렇게 이야기 하는 게 아닌가?

"○○야, 그러지 말고 우리 얼른 유치원 가자. 네가 그러면 엄마가 마음 아프 시잖아. 유치원 가면 친구도 있고 재미있는 수업도 하고 얼마나 좋니? 얼른 버 스 타고 가자. 알았지?"

그러면서 친구의 손을 잡으니 누구의 말도 듣지 않고 울던 아이는 순순히 버 스에 오르는 게 아닌가? 아이 엄마와 등원을 기다리던 엄마들 , 선생님, 기사아 저씨까지 놀라며 딸아이를 칭찬하기 시작했다. 버스가 유유히 떠나고 엄마들 은 일제히 딸아이에 대해 이야기하기 시작했다.

"저 어린애가 어른보다 낫네요! 어찌 애가 말을 그렇게 예쁘게 하고 잘하나 요? 진짜 놀랬어요! 우리애도 집에만 오면 ○○이 얘기 많이 하던데 다 이유가 있었네요! 저희 집에 가서 차 한 잔하고 가세요!"

그 이후 엄마들이 나를 보는 눈이 달라진 것 같았다. 도움을 청할 일이 있으면 나를 찾아 자문을 구하곤 했다. 순식간에 유치원 엄마들의 육아 상담사가 되었다.

딸아이와 친한 친구들 엄마와 만남의 기회가 있었다. 친구 엄마들은 모이자 마자 딸아이의 칭찬을 늘어놓았다. 친구들 끼리 서로 딸아이와 친해지려고 다 툼까지 벌어졌다고 웃으며 얘기했다.

"우리 ○○는 ○○이가 너무 좋아서 우리 집에서 같이 살았으면 하네요!"

"우리 ○○는 매일 같이 놀고 싶고 내년에도 같은 반 됐으면 좋겠다고 벌써 부터 난리네요."

"○○ 엄마는 좋겠어요. 이렇게 똑똑하고 인기 많은 딸이 있어서요."

"그렇죠, 요즘 매일 매일이 행복하네요. 구름에 떠있는 기분이랄까요. 하하."

자식이 칭찬받으면 부모는 더할 나위 없이 행복해서 밥 안 먹어도 배부른 하루를 보내게 된다. 부모가 되면 자식이 잘 되는 일보다 더 좋은 일이 있겠는가? 매일을 구름 위를 걷는 기분을 맛보고 싶은가? 그렇다면 뱃속부터 잘 만들어서 잘 가르치고 교육하라!

딸아이 유치원의 같은 반 친구 중에 귀티가 나면서 생긴 건 잘생겼는데 행동 은 속된말로 개판으로 노는 아이가 있었다. 엄마들도 모이면 그 아이 때문에 자신들의 아이가 상처받고 힘들어 한다고 했다. 모두들 유치원 행사만 기다리 고 있었다. 부모가 어떤 사람인지 보고 싶어서 모두 안달이 나 있었다. 하지만 참여수업이나 유치원 활동에도 항상 부모는 나타나지 않았고 아이와 할머니 가 함께 참석했다. 아이부모에 대한 궁금증은 증폭되었다. 엄마들과 모임을 주 최 하면서 알게 된 사실인데 그 아이의 부모는 선생님이라고 했다. 자기 자신 은 학식이 풍부하고 모든 걸 갖추고 있지만 제일 중요한 자식을 가르치는 일에 는 소홀히 하는 것 같았다. 바쁘다는 핑계로 아이는 할머니 손에 맡기고 제대로 돌볼 수가 없었을 것이다.

모두가 부러워하고 우러러 보는 직업을 가진 부부지만 아이가 말썽을 일으키니 그 죄로 남들에게 떳떳하고 당당하게 나서지 못하는 것이다. 이렇듯 본인이 아무리 잘나도 자식이 올바르게 행동하지 못하면 부모는 고개를 숙이고 남들 앞에 당당하게 나서지 못하게 된다. 자신들이 바쁘다는 이유로 자식은 제대로 양육하지 못한 것이다. 인천에서 일어난 초등생 살해 사건의 여고생들의 부모도 모두 엘리트라고 전해졌다. 학식만 쌓고 인문학적 소양은 쌓지 않으면 이런 결과가 초래된다.

아이들에게 공부만을 강요하고 1등만을 강요하다보면 K대 의대생처럼 학식만 쌓고 인성은 바닥이 되게 마련이다. 공부와 학식 보다 중요한 것이 무엇인지 모두 알고 있다. 하지만 아직까지 우리나라는 공부만을 강조하고 1등만 하면 다 돼 주의다. 아마 K대 의대생 부모들도 넌 아무 걱정하지 말고 공부만 열심히 하라고 강요했을 것이다. 어릴 때부터 인성을 먼저 가르쳤다면 이런 불미스러운 일은 없었을 것이다.

나는 아이들에게 어려서부터 주입식으로 인성교육을 먼저 했다. 공부는 나중에 문제라고……. 공부만 잘하고 인간이 안 되면 헛것이라고! 요즘 엘리트들의 범죄가 비일비재하게 일어나는 이유가 부모들이 인성교육을 제대로 하지 않았기 때문에 발생한다.

5살 그것도 12월생이 제 친구를 다독이고 위로할 수 있는 것은 인성교육의 힘이다. 여러분들도 할 수 있다. 인성교육의 중요성을 강조하고 일깨워 주면 친구뿐 아니라 어느새 부모를 위로할 줄 아는 어른이 되 있을 것이다. 떼쓰는 친구를 달래던 그 아이가 이제 엄마를 위로하고 격려하는 아이가 돼 있다.

그 아이는 나의 딸이자 친구이자 함께 나아갈 동반자이다.

나는 매일 어린이집에서 일어나는 일을 알고 있다

요즘 매스컴에서 비일비재하게 일어나는 일이 어린이집교사의 학대장면이다. 뉴스를 접하면 정말 사람이 맞을까 싶을 정도로 어린아이에게 폭력을 가하는걸 보면 내 아이는 아니지만 같은 부모 입장에서 주먹을 불끈 쥐게 된다. 달려가서 당장이라도 똑같이 패주고 싶은 심정이 굴뚝같다.

나도 보육교사 자격증을 따기 위해 수료 중이었는데 필수과정중에 하나로 어린이집 실습이 있었다. 실습을 나간 곳은 작은 규모의 어린이집이었다. 원장도 얼굴이 보름달 같고 편해보여서인지 규모에 비해 많은 아이들이 오고 있었다. 그런데 며칠 실습을 해본 결과 위생 상태며 모든 관리 상태가 엉망진창이었다. 하나도 제대로 되는 게 없었다. 심지어는 물도 보리차나 생수가 아닌 찬물에 녹차 티백을 넣어 우려진 걸로 물을 주고 있었다. 그 어린아이들이 카페인을 마시는 셈이었다. 내 눈을 의심했다. 설마 했는데 설마가 사람을 잡았다.

또 그 당시에는 토요일도 어린이집이 문을 열었다. 일을 나가는 엄마들은 아이들을 으레 원에 맡기고 출근했다. 또 충격적인 장면과 맞닥뜨렸다. 아이의 점심으로 라면을 끓여주는 것이 아닌가? 그것도 푹 퍼져서 돼지죽 같이 된 것을.

"원장님, 아이들에게 라면도 주나요?"

"네, 아이들이 토요일에는 특별하게 라면을 먹어요!"

"그런데 너무 퍼져서 라면 같지 않은데!"

"애들 먹는 거라 면발이 꼬불꼬불 하면 소화도 안 되고 푹 퍼져야 좋아요!"

코에 걸면 코걸이요 귀에 걸면 귀걸이가 아닐 수 없다. 아무렇지도 않게 내 질문을 받아넘기는 원장이 소름끼쳤다. 원에 선생님들이 자주 바뀐다고 했는데 이유를 알 것 같았다.

그런 음식을 먹여야하는 죄책감과 형편없는 어린이집의 경영 현실에 정신 똑바로 박힌 사람이라면 근무할 수가 없다는 생각이 들었다. 잠깐 동안이지만 실습을 통해 아이들을 만나본 결과 내 아이가 아니기 때문에 더 잘 돌보고 주의를 기울어야겠다는 생각이 들었다. 어찌 인두겁을 쓰고 천사 같은 아이들에게 양심도 없는 짓을 하는 걸까? 분통이 터져서 참을 수가 없었다. 내 자식도 아닌 남의 자식한테 함부로 하는 원장의 정신 상태가 궁금했다. 또 아무렇지 않은 듯 그 일들을 해내는걸 보니 생활에 젖는다는 게 얼마나 무서운가를 다시금 생각하게 되었다.

지인에게서 들은 얘기이다. 어린이집에서 일하던 중 겪은 일들이 너무 당황스럽고 충격적이어서 아이들에게 더 이상 죄책감이 들어 이 일을 시작한지 6개월만에도 그만뒀다고 한다.

어린이집의 문제는 젖먹이부터 5세까지의 어린 아이들이 온다는 것이다. 의사소통이 아직 미비한 아이들이 다니기 때문에 이런 일들이 비일비재하게 일어난다는 것이다.

원장이 아이들을 때리면 집에 가서 누구 선생님이 때렸어 라고 전하기 때문에 사랑스럽게 안는 척하면서 등짝을 때리거나 겨드랑이쪽을 꼬집는다는 것이다. 밥을 안 먹으면 억지로 꾸역꾸역 입에 집어넣고 낮잠을 잘 시간에도 아이가 자지 않으면 얼굴까지 이불을 덮어 강제로 재운다는 것이다. 정말 tv에서 보던 것과 같은 일들이 곳곳에서 벌어지고 있는 것이다.

직장 때문에 불가피하게 직장을 다니는 엄마들은 모르지만 요즘은 나라에서 지원해주는 제도가 있다 보니 집에서 쉬는 엄마들도 자기가 편하기 위해서 아이를 어린이집에 보내는 것이다. 엄마 사이에서도 어린이집에 안 보내면 바보 취급을 받으니 그럴 수 도 있을 법하다. 그렇게 아이를 보내놓고 엄마들은 한가로이 커피를 마시며 자기아이들이 어떤 학대를 받는지도 모른 채 히죽 히죽 웃고 즐기고 있을 것이다. 내 아이는 울고 있을지도 모르는데 말이다.

내 손으로 내 아이를 키우는 게 가장 좋은 방법이라는 걸 잘 알면서도 육아가 힘들다는 걸 알기에 몇 시간만 이라도 전쟁 같은 육아에서 벗어나고 싶은 마음이 굴뚝같은 모양이다. 내 아이와 함께하는 시간이 얼마나 행복한지를 모르는 엄마들이 너무나 안타깝다. 아이가 자연스럽게 남들과 의사소통이 될 때까지만 기다리면 될 것을. 몇 십만 원을 지원 받으려고 의사소통도 안 되는 아이를 어린이집에 보내는 것은 악의 구렁텅이로 아이를 내보내는 것과 같다. 아이가 원에서 돌아오면 아이의 행동을 주시하고 항상 주의 깊게 살펴야 하겠다.

나는 아이를 가지면서 모든 활동을 전면 중단하고 태교에 힘쓰고 아이가 태어나서는 온전히 혼육(요즘 유행하는 혼자 하는 육아줄임말)을 했다. 친정엄마 도움도 받지 않고 모르는 것은 책과 인터넷을 찾아보며 혼자 터득했다. 남의 손에 내 귀한 아이를 맡기고 싶지 않았고 또한 믿을 수 없었다. 어렵게 가진 아이라서 더더욱 그러했다. 나라고 왜 회사를 더 다니고 싶지 않았겠는가? 모두에게 인정받고 월급도 만만찮은 곳이었기에 사표를 던질 때는 망설여졌다. 하지만 모든 일에는 우선순위가 있는 법. 내 인생에서 0순위는 자식이다. 자식과 내 자신 모두가 잘되면 더할 나위 없이 좋겠지만 그래도 나보다는 자식이 잘되기를 바라는 마음이 더 크다. 왜냐하면 나는 엄마이기 때문이다.

의사소통도 안 되는 아이를 남에게 맡긴다는 건 나에게는 상상도 할 수 없는 일이다. 직장 때문에 어쩔 수 없이 아이를 맡기는 것 외에는 기본적인 의사소통을 할 때까지는 절대 어린이집에 맡기지 말라고 당부한다. 직장에서 육아휴직을 쓸 수 있는 엄마들이라면 아이가 자신의 생각을 표현 할 수 있을 때 까지는 엄마와 함께 지내며 다시 없을 시간을 만끽하길 바란다. 아이와 많은 대화를 나누고 소통하면 어린이집에 가는 것 보다 몇 배의 효과를 누리고 아이와 엄마는 최고의 애착관계가 형성될 것이다. 이렇듯 어릴 때 엄마손 에서 키워진 아이들은 생각, 사랑도 깊어져서 나아가 자신도 똑같이 사랑을 베풀며 살 것이다.

하원 후에도 아이에게 어떤 일이 있었는지 꼼꼼히 묻고 아이의 몸도 잘 살펴야 한다. 어떤 엄마는 너무 예민한 것 아니냐고 할 수도 있겠지만 내 아이의 미래가 달린 문제이니 예민하지 않을 수가 없다.

어릴 때 겪은 트라 우마는 쉽게 잊혀지지 않는다. 그러니 이런 일을 미연에 방지해야한다. 어릴 때 어린이집에서 맞은 경험이 있는 아이들은 유치원이나 학교에 가는 것을 두려워 할 것이다. 이제 어린이집이나 유치원의 허가를 내줄때는 원장의 인성을 평가하고 아이를 위해 희생하고 봉사하고 사랑으로 키울 수 있는 자질을 갖춘 사람인지를 먼저 파악하고 허가해주는 방침이 생겼으면 한다. 인성이 제대로 갖춰지지 못한 사람은 아이들을 가르칠 자격이 없다.

무슨 일이든지 자기가 좋아서 해야 신이 나고 정성을 다해서 하는데 싫은 일을 억지로 하다보면 스트레스 받고 분노게이지가 상승하며 자기가 하는 일에 영향을 미치게 된다. 하물며 자기가 좋아서 선택한 일들도 가끔씩은 권태기가 올수도 있는데 등 떠밀려 하게 된다면 열정도 없고 양심도 없어지는 무서운 일을 초래하게 된다. 이런 학대가 자행되는 어린이집 교사들도 아이를 사랑하는 마음과 일에 대한 열정이 있었다면 양심 없는 행동은 하지 않았을 것이다. 나는 아이들에게 항상 묻는 말이 있다.

"딸! 넌 뭘 할 때가 가장 행복하고 가슴이 뛰어? 우리 아들은 어떤 거 할 때 제일 신나고 행복해?"

아이들은 한참을 생각하며 대답한다.

"그래? 그럼 가장 행복한일을 하면 되는 거야! 딸아, 아들아. 가슴이 뛰고 너희가 행복한 일을 하렴, 그게 최고의 직업이야."

집 밥, 문 선생

우리 집 아이들은 내가 해준 음식을 가장 좋아한다. 유치원과 학교 급식에 대해 물어보면 고개를 절레절레 흔든다. 영양사가 균형 잡힌 식단을 짜서 오히려 더 맛있어 할 줄 알았던 학교 급식은 우리아이에게만큼은 천덕꾸러기였다. 아이들은 집에 와서는 엄마 밥이 최고라고 엄지를 치켜세운다. 된장 하나만 끓여도 맛있다고 난리고 김치찌개도 모두 극찬을 보낸다.

"엄마 식당해도 되겠다! 어떻게 하나같이 다 맛있어. 진짜 최고야! 엄마, 오늘도 잘 먹었습니다."

"너희가 맛있게 먹어주니 엄마도 참 기분이 좋구나!'

"근데 다른 집 아이들은 급식이 다 맛있다고 한다던데."

"그 애들은 엄마가 음식솜씨가 없겠지."

내가 음식솜씨가 뛰어나서가 아니라 아이들을 위해 준비하고 정성스럽게 하나라도 더 챙겨줘서 맛있게 먹는 것 같다. 음식도 정성이 반이라고 했다. 비싸고 좋은 육아용품들로 도배하고 좋은 유모차로 생색을 낸다고 아이가 잘 자라는 것이 아니다. 아이의 눈높이에 맞는 육아법을 시행해야지만 역효과가 없다.

    첫아이 때는 아이와 문화센터를 다녔다. 친구도 만들어 주고 많은 걸 경험해 주고 싶어서였다. 하지만 남는 건 별로 없고 엄마들 간의 경쟁심과 과시욕 밖에 보이는 게 없었다. 남들에게 보여주기식 교육이었다. 정작 아이들은 관심도 없는데 엄마들끼리 눈치 보며 경쟁하게 되었다. 둘째 때는 온전히 집에서 아이와 나만의 문화센터를 차렸다. 악기 종류도 사고 책도 사서 강사들이 하듯이 아이와 더 가깝게 호흡하며 친밀도를 높였다. 아이도 더 신나하는 것 같았다. 모든 것이 집에서 하는 것이 최고인 것 같다.

백조와 오리

아이를 키우는데 있어서 여러분들은 어떻게 키우고 싶은지 궁금해진다. 백조로 키울 것인가? 미운오리새끼로 키울 것인가? 요즘은 아이들을 백조와 오리로 비유해서 많이 얘기한다. 백조는 모든 걸 조금씩 다할 줄 아는 아이여서 겉으로는 우아해 보이지만 물속에서 발길질을 한다고 엄청나게 바쁘다. 그 반면 오리는 자신이 잘 하는 한 분야만 열심히 한다는 차이이다. 겉으로는 백조보다 볼품없겠지만 속은 아주 편하다. 물속에서 만큼은 백조보다 우아하다. 부모마다 아이를 키우는 스타일이 다르겠지만 나는 아이가 어려서부터 싫어하거나 적성과 소질에 안 맞으면 더 이상 강요하지 않았다. 우리나라 부모의 특징은 잘하는 분야를 열심히 시키는 게 아니고 못하는 걸 열심히 시켜서 좀 더 나아지게 만든다. 그렇게 하다보면 아이는 지치게 되고 잘하는 분야도 점점 흥미를 잃게 되며 역효과가 나타난다.

딸아이의 학교 친구 중에 미술에 탁월한 소질이 있는 아이가 있었다. 대회만

나갔다하면 상을 휩쓸고 여느 학년과 월등하게 차이가 나는 수준이었다. 나는 전문가는 아니지만 미대를 가고 싶어서 미술에 조예가 있었기에 그림 보는 눈이 남달랐다. 엄마들 사이에서도 그 아이의 미술 실력은 소문이 나 있었고 학원 선생님도 감탄하고 전공을 해도 무리가 없어 보였다.

"○○는 그림 그리는 게 예술이다. 미술 시키면 되겠어! 꽉꽉 밀어줘. ○○ 엄마."

"하고 싶어 하는데 돈도 많이 들고 그거 해서 밥 벌어 먹고 살겠어요?"

"우리 딸이 그 정도 실력이면 땡빚을 내서라도 시킨다! 애가 좋아하고 소질도 있으면 밀어줘. 나중에 피카소 같은 훌륭한 화가가 될지 그건 아무도 모르잖아"

우리나라 아니 내 주변 학부모들도 아이들의 직업은 무조건 돈을 잘 벌어야 한다는 고정관념을 갖고 있다. 요즘 대학생들이 제일 선호하는 직업 1위가 공무원이라고 한다. 정년 때까지 잘리지도 않고 안정적이기 때문에 부모들도 권유하고 본인들 또한 편안한 회사생활을 하고 싶어서 선호 하는 것 같다.

이것이 현실이다. 아이들에게 꿈과 미래가 없다. 어떻게 편하고 안주하는 삶만을 찾는단 말인가? 돈은 둘째 치고 자기가 해보고 싶은 일을 용기 있게 하지 못 하는가!

우리가 자랄 때와는 시대가 많이 변했다. 그만큼 아이들의 생각도 많이 변하고 성장했으리라 믿었던 내 발등이 아프고 쓰라리게 찍히고 말았다. 난 내 아이에게 본인이 하고 싶은 일을 하라고 귀에 못이 박히게 말한다. 지인이 아는 교수님의 부탁으로 고등학생을 대상으로 동기부여 강의를 하고 설문지를 작성하는 일을 도와 줬다고 했다. 설문지에는 앞으로 하고 싶은 일과 몇 가지 질문들이 담겨있었는데 거기에 피드백을 하는 거였는데 참으로 가관이었다고 한다. 아이들 대다수가 뚜렷한 장래희망도 없고 돈 많이 벌기, 예쁜 여자만나 결혼하기 등의 생각 없는 답들이 적혀 있었다고 한다.

아이들의 가장 큰 문제는 꿈이 없다는 것이다. 장래에 하고 싶은 일이 있는 아이는 행복한 아이라고 한다. 이런 이야기를 들을 때는 참으로 암담하다. 미래의 꿈나무인 아이들이 꿈이 없고 하고 싶은 게 없다면 이 나라는 어떻게 되겠는가? 아이들이여! 부모들이여 ! 꿈을 갖고 살자. 꿈이 없는 자는 불행한 사람이다.

또한 아이의 장래에 아이의 결정권이 없다. 직업도 부모가 선택해 줘야 하는 세상인가 싶어 씁쓸해진다. 내 학창시절도 그랬다. 미술에 소질이 있고 그리고 만드는 손재주가 있어서 미술을 전공하고 싶었다. 그림을 그리고 색칠하고 디자인하는 시간은 정말 행복하고 모든 근심을 잊게 했다. 하지만 내 의사는 무시되었다. 그 당시 아버지의 사업이 어려워지며 가세가 기울기는 했지만 돈 때문에 하고 싶은 일을 포기하게 되어 엄청난 우울감에 빠졌다. 친한 친구와 꼭 미대가서 멋진 디자이너가 되자고 약속까지 했었는데 그 친구만 미대언니가 됐다.

위에서 언급한 딸아이의 친구는 고학년이 되자 미술을 끊었다. 다른 중요한 공부를 하게 되어 미술까지 할 시간이 부족하다는 이유였다. 나는 딸 친구엄마에게 그 아까운 소질을 버리는지 나무랐다. 정작 본인은 아쉬움이 없는 듯 했다. 그러면서 잘 못하는 수학과 영어를 배우고 있었다. 남들이 다 한다면서..나는 딸아이가 어릴 때부터 잘하는 부분과 부족한 부분을 파악해서 잘하는 부분은 더 열심히 시키고 좋아하는 것은 시간을 쪼개서라도 시킨다. 딸아이는 미술을 좋아하지만 전공을 살릴 정도는 아니었다. 하지만 고학년이 된 지금도 계속하고 있다.

왜냐하면 그림 그리는 걸 너무 좋아한다. 하지만 그 학원에는 딸 또래의 고학년은 다 그만두었다고 한다. 자녀가 잘하는 것을 캐치해서 그 부분은 더 지원하고 못하는 것은 과감히 버려야한다. 하지만 대한민국의 부모들은 못하는 부분을 끌어올리려고 애쓰다 잘하는 부분까지 놓치는 어리석은 짓을 한다.

"엄마들이여! 뭣이 중헌디!"

우리나라가 선진국으로 더 발돋움 하기위해서는 부모들의 인식이 확 깨져야한다. 어떤 부모는 백조처럼 이것저것 다 할 수 있는 게 얼마나 좋은가라고 말할 수도 있다. 하지만 그건 시간낭비요, 감정 낭비이다. 현실을 직시해서 내 아이의 성공한 모습을 보려면 과감히 포기하는 법을 배워야한다.

둘째 아이의 초등 1반 모임을 간적이 있다. 한 아이의 엄마는 직장맘이었다. 직장을 다니다보니 유치원 때부터 수학, 영어, 미술, 피아노, 태권도 등 5가지가 넘는 학원을 다니고 있었다.

"아이가 아직 초등 1학년인데 학원을 그렇게 많이 다녀요?"

"네, 제가 직장을 다니고 있어서 어쩔 수 없이 보내게 됐어요."

"아이가 군소리 없이 잘 다니나요?"

"가끔씩 가기 싫다고 얘기는 하는데……. 별 수 있나요? 가야죠!"

아이의 엄마는 당연하다는 듯 자신 있게 말했다. 5~6개의 학원을 다니는 아이가 왠지 측은하게 느껴졌다. 아이의 얼굴을 본적이 있는데 1학년답지 않게 과묵하고 잘 웃지도 않고 그늘이 보였다. 왜 안 그렇겠는가? 그 어린아이가 그렇게 많은 학원을 다니면 무슨 살맛이 나겠는가? 벌써부터 학원 스트레스에 짓눌려 살면 그 아이는 참으로 불행한 삶을 어린나이에 경험하게 된다. 엄마들이여! 초등학교 때는 무조건 뛰어 놀게 하라! 자기가 하고 싶은 것만 시키고 뛰어 놀게 하라! 그러면 꿈과 희망이 엄청나게 자란다.

딸아이의 같은 친구 중에 한 아이의 엄마도 워킹맘이었다. 아이에 말에 의하면 이러했다.

"엄마! ㅇㅇ는 자기 엄마가 시험점수 100점 못 맞으면 난리난데."

"뭐? 100점 못 받을 수도 있지! 초등학교 성적이 뭐라고."

"참 그 엄마도 어지간하다."

그래서인지 그 친구를 보면 항상 불안하고 초조함이 느껴졌다. 한번은 기말고사에서 실수를 해서 답을 밀려 쓰는 바람에 60점이라는 충격적인 점수를 받고 말았다고 한다. 시험 결과가 나온 날 아이는 벌벌 떨며 집으로 갔다고 한다. 100점에 대한 강박관념 때문에 아이는 스트레스를 받고 매일 시험을 망칠 것이다. 참으로 무지한 엄마이다. 그 길이 자식을 망치는 짓인 줄 왜 모르는가? 작은 것에 일희일비하지 말고 큰 것에 초점을 맞추라! 초등학교 성적이 뭣이 중하다고 백점을 강요한단 말인가?

공부는 마라톤이라고 했다. 초등학교는 서서히 가다가 중학교에서 스퍼트를 조금내고 고등학교에서 전력을 다해야한다. 그렇게 초등학교부터 전력을 다 하다 보면 아이는 지쳐서 정작 스퍼트를 내야하는 고등학교 때는 힘이 빠져 뒤처지고 만다. 초등학교 때는 기초를 놓치지 않을 정도로 공부하면서 책을 많이 읽어서 뇌를 깨워주고 중학교에서 많은 정보를 흡수할 수 있게 해주고 고등학교 때는 쭉쭉 빨아들여야한다. 아이들이 슬픈 백조가 될 것 인지 웃는 미운 오리새끼가 될지는 부모의 손에 달려 있다. 우리 부모는 아이들이 스퍼트를 잘 내고 조절할 수 있게 도와주는 페이스메이커가 되어야 한다.

낯선 아이와 친구 되기

딸아이와 아들 모두 적응력과 친화력 하나는 끝내줬다. 남편과 나도 두 가지 모두 탁월하니 그것만큼은 닮은듯하다. 유치원과 학교를 가도 안 가겠다고 떼 쓴 적도 없고 적응도 잘하고 친구들도 금방 사귀어서 엄마를 힘들게 한 적이 없었다. 그것만으로도 얼마나 감사한 지 모르겠다. 어떤 아이들은 적응을 못해 서 울고불고 안 가겠다고 엄마 치맛자락을 붙들고 난리인데 그런 모습을 보면 나와는 거리가 멀기에 왜 저럴까 싶었다.

마트나 도서관 커피숍 어디에서든 자기 또래로 보이는 아이가 있으면 자연 스럽게 말을 걸고 친해지는 거였다. 이름도 묻고 나이도 물어가며 친해져서 몇 년 본 사이처럼 익숙하게 어울리는걸 보면 나중에 커서 정치를 해야 되나 싶어 웃음을 감출 수 없다.

한 번은 커피숍에 갔는데 옆 테이블에 엄마가 아이와 함께 왔는데 우리 아들 과 나이가 비슷해 보였다. 아니나 다를까 아들은 자연스럽게 장난감을 꺼내며 놀면서 그 아이에게 말을 거는 게 아닌가?

"너 이 팽이 이름 알아?"

"응. 오~~~"

"넌 몇 살이야? 이름은 뭐야?"

"난 9살. ㅇㅇㅇ야."

"어, 나랑 똑같네. 우리 친구하자."

"그래, 좋아!"

"우리 팽이 시합할까?"

"응."

아이들의 대화를 들으니 입가에 미소가 번졌다. 나이도 어린 것이 어찌 저리 뻔치가 좋은지? 쉽게 친구에게 말을 걸며 다가가는 모습이 참으로 기특하고 대견했다.

딸아이는 첫 사회생활인 유치원부터 집에 돌아올 때면 자질구레한 선물과 편지를 한 아름씩 가지고 왔다. 모두 친구들과 언니 오빠들에게 받은 편지요, 자기들이 아끼는 물건이었다. 퇴근한 남편에게 딸 자랑을 늘어놓았다. 그러자 남편은 으쓱해 하며 자기 젊을 때를 보는 듯 하다 며 환하게 웃는다.

"착각에 왕자병까지. 심각한 수준이네. 정신 차려 남편."

"우리 딸 커서 남자 여럿 울리겠네!"

"벌써부터 저렇게 인기가 많아서 걱정인데……"

"아이고 별 걱정을 다 하네요."

"자기는 그걸 그렇게 받아들이냐? 사교성 좋고 인기 많으니 나중에 사회생활 잘하겠구나 싶은데."

남편과 나는 생각하는 자체가 달랐다. 남자들이란……

유치원 친구와 언니 오빠들에게 내 전화번호를 알려줘서 하원 후에는 낯선 번호로 전화가 걸려오는 진풍경이 벌어졌다. 헤어진 지 얼마나 됐다고 전화까지 하며 애정행각을 벌이는지 귀엽기도 하면서 딸아이의 매력에 은근 질투심이 났다. 엄마도 못해본 경험을 해주니 얼마나 감사한가?

두 아이 모두 도서관을 가건 키즈카페를 가건 아이들이 모여 있는 곳만 가면 새로운 친구를 사귀는 사교성을 가졌다. 나 또한 사람들과 빨리 친해지기는 하지만 그 사람을 탐색하고 알아가는데 시간이 좀 걸리는데 내 아이는 그런 면에서 돌연변이 같기도 하다. 놀랄만한 사교성을 가진 아이가 내 아이지만 정말 멋지다.

중이 제 머리 못 깎는다

초등학교 때 단짝은 정말 개구쟁이였다. 단 하루도 조용한 날이 없을 정도로 나를 괴롭혔다. 책상에 연필로 줄을 쭉 그어 놓고 넘어오면 가만두지 않겠다고 으름장을 놓았다. 지우개라도 그 선을 넘는 날이면 정말 지우개의 반 토막이 날아가는 운수 나쁜 날이었다. 지우개는 그나마 양반이다. 볼펜이나 연필이 선을 넘어가는 날이면 그 날은 펜을 빼앗기는 날이었다. 억울해서 울기라도 하면 더 약을 올리며 나를 못살게 괴롭혔다. 선생님께 얘기해도 그때 뿐이고 그 아이의 도를 넘는 행동은 나아질 기미를 보이지 않았다. 날이 갈수록 더 괴팍해져만 갔다.

도대체 이 아이의 부모는 어떤 사람일까? 엄마가 어떤 사람이기에 아이가 나를 이렇게 괴롭히나 생각했다. 며칠이 지난 나는 그 아이의 엄마가 누구인지 알게 되었다. 그 아이의 엄마가 우리 교실을 찾아온 것이었다. 그녀는 다름 아닌 우리 학교의 선생님이었다. 학생들에게 엄하기로 소문난 찔러도 피 한 방울 안 날 것 같은 바른 생활 선생으로 통하는 그녀였다. 으악! 신이시여! 나의 기대가 허물어진 날이었다. 어린 내 마음에도 선생님의 자녀면 적어도 바른 생활을 하는 아이일거란 생각을 했다. 그러나 나의 짝은 바른 것과는 거리가 먼 아이였다. 우리 반에서 괴짜로 통하는, 여자 아이만 보면 괴롭히고 싶어 안달난 아이였다. 그 선생님과 장난꾸러기 내 짝이 모자 관계란 것이 도저히 이해되지 않는 날이었다.

선생님이라면 학교에서 우리를 가르치시는 분이다. 그러니 집에서도 자녀 교육에 얼마나 열을 다하겠는가? 근데 현실은 그렇지 않은 경우가 많다. 이론은 강한데 실전에는 약한 사람이 얼마나 많은가? 마음먹은 대로 되지 않는 것이 자식 농사다. 그러니 농사 중에서도 최고의 농사가 자식 농사라고 하지 않는가? 초등학교 단짝 남자 아이의 경우처럼 내가 성인이 되고서도 교사의 자녀 중에 부모애를 먹이는 걸 여럿 보았다.

오죽했으면 중이 제 머리 못 깎는다는 말이 나왔을까 싶다. 물론 자기 아이들을 학교에서 제자 가르치듯이 잘 가르쳐서 인성이 제대로인 아이로 키운 교사 부모들도 많지만 대체적으로 중이 제 머리 못 깎는 경우가 많다. 대학에서 교육학 이론에 대해 아무리 많이 배우면 무엇 하겠는가? 실전이 중요하다. 학교에서의 선생님이나 가정에서의 어머니의 위치나 중요한 건 실전이다. 많이 안다고 제대로 된 아이를 키워낸다면 유아교육학 박사들의 자녀들은 다 제대로 된 자녀가 아니겠는가? 아침 8시에 출근하고 저녁에 퇴근하며 바쁜 생활을 하고 다른 아이들을 가르치느라 열정을 다하는 선생님들 중에 자기의 자녀 귀함을 아는 경우가 드물고 학교에서의 열정, 피곤함 때문에 집에 가서는 나의 아이에게 그 사랑을 나눠 주고 진심을 다해 키우기가 힘든 것이 현실이다. 그러니 내 자녀 교육이 내 맘같이 잘 되지 않는 것이다.

수십 명의 아이를 관리해야 하는 학교생활이 교사에게는 녹록치 않다. 어린이집이나 유치원, 초등학교, 중학교, 고등학교 모두가 다 똑같다. 학교나 어린이집이 조용할 날이 있겠는가? 그 아이들에게 치여 교사들은 초심을 잃고 열정을 잃어버리고 피곤해진다. 사명감은 안드로메다로 간 지 오래다. 내 아이에게 좋은 것만을 주고 싶다는 열망 또한 없어져 버린 지 오래다. 그저 피곤한 몸을 이끌고 집으로 퇴근하면 나의 아이는 나를 귀찮게 하는 존재일 뿐이다. 마음을 다잡아 사랑을 담뿍 나눠 줘야 하는데 그건 참 말처럼 쉬운 일이 아니다.

난 직장까지 그만 두고 아이가 생기지 않아 노심초사했고 그러는 중에 내게 자녀가 생기면 정말 열과 성을 다해 키워야겠다는 사명감이 커졌다. 내 자식에 대한 열망이 너무 컸다. 아이가 생기기 전부터 몸과 마음을 아이에게 집중시켰다. 최고의 엄마가 될 거라고 마음을 먹었다.

딸아이의 반 친구 중 한 아이도 장난이 얼마나 심한지 그 아이와 짝만 되면 다들 울상이라고 한다. 딸아이도 그 애랑 짝이 됐다며 우는소리를 하며 왔다. 난 딸에게 "그 또한 지나가리라" 하고 위로했다. 한 달만 버티면 짝을 바꾸니 잘 견뎌보라는 수밖에 없었다. 그러던 어느 날 예상대로 사건이 벌어지고 말았다.

딸아이 담임 선생님께 전화가 온 것이었다. 무소식이 희소식이라고 담임한테 전화 올 일이 없는데 갑자기 나의 직감이 시동을 걸었다. 설마 아니겠지 했는데 설마가 사람을 잡았다.

"어머니, 안녕하세요! ○○이 담임입니다."

"아, 네 안녕하세요, 선생님."

"아이고 어머니 죄송해서 어떡하죠? ○○가 짝이 고무줄로 얼굴을 튕겨서 볼쪽이 많이 부었네요!"

"네? ○○이가 그랬다구요!"

"네, 죄송합니다."

"아이고 선생님께서 죄송하실 일이 아니죠!"

"제가 ○○이 많이 혼내고 반성문까지 쓰게 하고 ○○ 어머니한테도 연락 드렸어요!"

"혹시 장난치다가 실수로 그런 건가요?"

"아니요. 일부러 얼굴에다 맞췄다고 하네요!"

"그래서 더 혼냈어요. 그것도 여자애 얼굴을."

"많이 속상하시죠? 얼음찜질도 하고 약도 발랐는데 지켜봐주세요."

"실수가 아니라? 일부러 그랬단 말이죠?"

요즘 말로 헐이다. 그렇게 전화를 끊고 나니 속이 부글부글 끓었다. 다칠세라 조심조심 소중히 다룬 내 딸에게 실수가 아닌 일부러 고무줄을 튕겼다니 마음 같아선 얼른 달려가 똑같이 그 녀석 얼굴에 고무줄을 날려주고 싶은 심정이었다. 남자아이의 엄마가 궁금했다. 엄마가 도대체 어떤 사람이길래 아이를 저렇게 가르쳤을까 싶었다. 사내아이들에게 폭력을 가한 것도 아니고 연약한 여자아이, 그것도 한 달간 같이 보내야할 짝꿍에게 그런 테러를 저지르다니…….
저녁에 낯선 번호로 전화가 와서 받으니 아니나 다를까 테러리스트의 엄마였다.

"○○이 어머니, 안녕하세요? ○○ 엄마예요."

"아, 네."

"안 그래도 선생님께 전화 받았는데 죄송해요..저희 애가 장난이 너무 심해서요."

"○○이 얼굴은 괜찮은가요?

"뭐 많이 좋아졌어요!"

"근데요 실수가 아니라 일부로 얼굴을 겨냥해서 했다던데……."

"솔직히 너무 당황스럽네요. 애들 키우면서 이런 일, 저런 일 있겠지만 일부러 그것도 여자아이 얼굴에 그런 짓을 했다는 게 저로서는 믿기지가 않고 믿고 싶지도 않네요!"

"정말 죄송합니다. 제가 많이 혼내고 잘 가르치겠습니다. 면목이 없습니다."

전화기 너머로 연신 고개를 숙이며 죄송하다는 엄마의 모습이 그려지는 듯했다. 다른 엄마에게 수소문해서 알아봤더니 테러리스트의 엄마는 학교선생님이라고 했다. 자기자식도 제대로 못 가르치는 사람이 다른 아이들을 가르친다? 참 아이러니하지 않을 수 없다. 선생님 자식이라고 다 그렇다는 것은 아니지만 의외로 주위에 그런 사람들이 많았다. 중이 제 머리를 잘 깎는 분도 많이 있을 것이다. 하지만 이런 속담이 나온데 에는 다 이유가 있을 것이다. 옛말 하나 그른 것 없지 않은가? 부모란 자식의 문제로 죄를 대신 뉘우치고 사죄해야 하고 변호해야하는 대변인이자 변호인, 매니저이며 소속사 대표이다.

부모는 자식이 잘하고 못하고에 따라서 허리를 재끼고 다니느냐? 허리를 굽히고 다니느냐다. 모두들 허리를 재끼고 다니고 싶을 것이다. 그렇다면 어릴 때부터 아이가 올바르게 행동하도록 가르치고 잘못된 행동을 하면 빨리 잡아 줘야한다. 그렇지 않으면 갈수록 고쳐지기 힘들다. 이 세상은 혼자만 살아가는 것이 아니고 내 아이만 잘 돼서도 안 된다. 내 아이와 다른 모든 아이들이 잘 커야하는 상생의 시대이다. 이 상생의 시대에서 우리가 해야 할 일은 아이가 올바른 길을 가도록 방향을 제시하고 도와주는 방향 지시등이 되어야 한다. 어려울 때는 가끔 비상깜빡이가 되어 깜빡깜빡 좀 쉬어가기도 하고 말이다.

제5장
육아, 꽃을 피우다

엄마 입은 요술 입

아이들은 엄마의 말 한마디에 일희일비 한다. 난 아이에게 말을 할 때도 장점은 승화시켜서 말하고 단점은 순화해서 말한다. 이를테면 딸아이의 행동이 좀 느려서 속이 터진다고 하면

"아이쿠, 우리 ㅇㅇ이는 어쩜 저렇게 느긋하고 편하고 꼼꼼하게 옷을 입을까!"

또 살이 좀 찐 아이 같으면 "그만 먹고 살 좀 빼."가 아닌

"우리 ㅇㅇ이는 통통한 것이 깨물어 주고 싶어 죽겠네! 저 볼 살이랑 뱃살이 조금만 없다면 강동원이랑 맞먹을 텐데 말이지."

선의의 거짓말이란 게 왜 있겠는가? 말이란 그 사람이 들어서 기분 나쁘고 상처 받을 수 있는 말은 삼가야 한다. 요즘 말을 함부로 하는 사람들 때문에 상처받는 사람들이 정말 많다.

나의 장점이라고 하면 말을 함부로 하지 않는다는 점이다. 이 말을 하면 저

사람이 기분 나쁠 수 있겠지? 하고 뇌에서 한 번 거른 다음 내뱉는다. 하지만 요즘은 뇌에 필터가 없는 사람들이 많아서 가감 없이 마구 내뱉는다. 그 사람이 아무리 나쁘고 안 좋다고 해도 당사자 앞에서는 절대 안 좋은 말을 내뱉지 말아야 한다. 내 주위에도 생각 없이 거침없이 하고 싶은 대로 말을 내뱉는 사람들이 많이 있다. 그 사람들로 인해 상처를 많이 받았기 때문에 절대 다른 사람에게는 함부로 생각 없이 말을 하지 않는다. 한 번 내뱉은 말은 주위 담을 수 없다. '세치 혀가 사람 잡는다.' 라는 말도 있지 않은가? 짧은 혀라도 잘못 놀리면 사람이 죽을 수도 있다는 뜻으로 말은 함부로 해서는 안 된다는 비유이다. 하지만 상황에 맞는 적절한 말 한마디는 사람을 살리기도 하고 위기에서 구하기도 하며 반전의 기회로 만든다.

프랑스 루이 왕 11세에 관한 일화이다. 점술가가 루이11세가 좋아하는 귀족 여인이 3일 안에 죽는다는 예언을 했는데 그 예언이 맞아 떨어졌다. 루이11세는 점술가를 죽이려고 "네 운명과 내가 얼마나 오래 살지를 예언해 보아라!" 하자 점술가는 자기가 죽을 것을 직감하고 침착하게 "제가 죽고 며칠 뒤 왕이 죽습니다!" 하고 말했다. 그 얘기를 들은 루이 11세는 점술가를 죽이지 않고 정성스레 돌보았다고 한다. 점술가가 오래 살아야 왕인 자신이 더 살게 되니 점술가의 죽음을 연장시키기 위해 최선을 다했다. 이처럼 말이란 잘하면 사람을 살리기도 하고 천 냥 빚을 갚기도 하지만 잘못하면 영화 '올드보이'에서처럼 혀가 짤 리는 비극을 맛볼 수 있다.

딸아이와 아들 녀석은 그림 그리는 걸 좋아해서 손이나 팔에도 종종 그림을 그리곤 한다. 팔에 멋지게 그림을 그려 와서는 내게 자랑을 하며 설명해준다.

"엄마, 이 그림 어때!"

"우와, 팔에다 그리니까 또 다른 느낌인데?"

"멋지다, 피카소가 울고 가겠어."

"종이가 없으면 손과 팔이 도화지가 되는군. 이가 없으면 잇몸으로." 처럼.

"아주 좋아요. 굿! 굿! 굿!"

"그래도 피부가 상할 수 있으니까 될 수 있으면 유성펜으로는 그리지 말고 알았지."

"알았어. 엄마."

이렇듯 아이들이 하는 일에 대해 나는 무한한 칭찬과 아낌없는 격려를 해주는 반면 어떤 이는 다른 잣대로 들여 다 보며 비판을 한다.

"아이고, 팔에 그게 뭐고? 나중에 커서 문신 많이 하겠다!"

라고 하는 이도 있다. 아이는 재미와 상상력으로 창작을 표현했는데 그걸 다른 시각으로 보고 질타했으니 아이가 얼마나 상처를 받겠는가! 참으로 어처구니가 없다. 같은 옷 다른 느낌처럼 같은 상황 다른 표현이다. 그 사람의 인격이 보였다. 그래, 당신은 그것밖에 안 되는 사람이니 그렇게 밖에 표현을 못하는 거지. 거기다 대고 한마디 내뱉고 싶은 심정이지만 '난 인격자이고 저 사람과 다른 사람이니까 참자.' 라며 감정조절을 한다. 혹여 아이들이 그런 말에 상처를 받을까 겁이나 분위기 전환을 하며 기분을 풀어준다.

엄마가 하는 말에 따라 아이는 어떻게 자라느냐가 달려있다. 어려서부터 긍정적인 말과 격려의 말을 들은 아이들은 커서도 긍정적 사고와 인성을 갖춘 아이로 자라지만 어릴 때부터 부모에게 말로써 학대를 당한 아이들은 큰 상처를 입고 트라우마가 생겨 정상적인 아이로 자랄 수가 없다. 그만큼 말 한 마디에 사람의 인생이 좌지우지 한다면 정말 말할 때 더 주의해서 해야겠다는 생각이 든다.

나의 학창시절에는 엄마에게 상처를 많이 받았다. 사는 것에 지친 나머지 자식들에게 험한 말을 내뱉고 그게 대못이 되어 아직도 응어리처럼 남아 있다. 그 때문인지 난 부모가 되면 어떠한 경우라도 자식에게 비수처럼 꽂히는 말을 삼가리라 마음먹었다. 살다보면 나도 사람인지라 마음먹은 것처럼 잘 되지는 않지만 자제하고 노력한다. 지금 부모가 되어 보니 오죽했으면 그랬겠냐 싶으면서도 자식을 위하는 마음이 조금이라도 있었다면 참고 인내했어야 했다. 그런 오기로 인해 지금껏 잘 살아 왔을 수도 있다.

또 학교 선생님들은 어떠했는가? 좋은 분들도 많았지만 아이들에게 험한 말과 무시하는 말을 하는 분도 참 많았다. 중학교 시절 수학 선생님은 뚱뚱한 몸매에 아줌마였는데 외모도 험상궂게 생겨서는 하는 말 족족이 어린 마음에 콕콕 박히는 심한 말들을 내뱉었다. 수학 성적이 형편없거나 불량한 아이들을 머리를 툭툭 때려가며 "어이구, 커서 뭐가 되려고 저러는지!"라고 말했다. 본인도 자식이 있으면서 자기가 가르치는 아이들에게 저런 악담을 내뱉을까 싶다. 선생이 되기 전에 인성이나 키우지. 정말 선생이 맞나 싶을 정도였다.

나중에 들은 이야기지만 그 선생의 딸도 공부는 지질이 못해서 겨우 돈으로 과외 시켜 예술 분야를 전공했다고 들었다. 자기 아이도 제대로 못 가르치면서 남의 아이, 아니 자기 학생들에게 악담과 폭력을 가한 선생님. 당신의 따뜻한 말 한마디가 학생들에게 위로와 위안이 되고 더 나아가 아이의 미래도 바꿀 수 있다는 것을 왜 모르는가?

또 좋은 선생님도 많아서 그나마 다행이었다. 중, 고등학교 시절 국어와 문학과목을 너무 좋아했고 그 과목 선생님께서도 너무 좋으신 분이었다. 내가 지금 글을 쓰고 있는 것도 다 선생님의 영향이 아니었나 싶다. 과제 발표를 하면 언제나 칭찬과 격려를 아끼지 않으셨다.

"우리 현경이는 참 글 쓰는 솜씨와 표현력이 좋단 말이야. 나중에 훌륭한 작

가가 되겠어!'

그때 이런 좋은 말들을 듣지 않았더라면 지금의 문 작가는 없을 것이다.

"선생님, 그때 정말 감사했습니다. 조금 늦긴 했어도 지금 글을 쓰고 있답니다. 누군가에게 제 책이 보탬이 되고 터닝 포인트가 된다면 저는 행복합니다. 당신들의 힘이 되는 말 한마디가 저를 일으켜 세웠으니까요. 저도 제 자식뿐 아니라 모든 사람들에게 힘이 되고 좋은 말을 하겠습니다."

엄마가 아이에게 긍정적인 말을 하고 좋은 말을 해서 아이가 잘 자라고 또 변화된다면 엄마 입은 요술입이 아닐 수 없다. 매일 자녀들에게 요술을 부려서 큰 아이로 성장하게 만드는 것이 엄마의 몫이다. 엄마들이여! 모두 세일러 문처럼 주문을 걸어보자. "정의의 이름으로 너희들을 크게 만들고 말리라"고 말이다. 반드시 이루어질 것이다.

"아브라카다브라!"

엄마는 긍정의 아이콘

난 어렸을 때 엄마에게 제일 많이 들었던 말이 '안 돼!' 였다. 새로운 무언가에 도전하고 싶고 배우고 싶어도 엄마의 태클에 걸려 항상 좌절하고 말았다. '다른 친구들은 다 되는데 왜 나만 안 되는 거지?' 하고 원망도 많이 했었다. 이번 생에는 틀린 것 같으니 다음 생에는 꼭 yes, yes하는 부모를 만나게 해달라고 매주 성당에 가서 빌곤 했다.

친구들은 이것저것 다해보고 나오는 다른 생활을 하는 것이 어린마음에 너무 부럽고 속상했다. 친구들이 뭔가를 제시하면 난 엄마가 안 된다며 무조건 반대의견을 냈다. 그 당시에 엄마가 yes, yes를 해주었더라면 내가 또 다른 사람으로 변화돼 있을지도 모르겠다. 엄마에게 '안 돼' 만을 강요당한 나지만 내 자식에게만큼은 곧 죽어도 go 요, 무조건 yes 다. 실패를 해도 성공을 해도 그 몫은 자기가 책임져야 하는 것이기에 다 경험해 보라고 한다.

한번은 아들 녀석과 나의 대화를 듣고 딸이 이렇게 말하는 게 아닌가?

"엄마, 이거 칼로 잘라도 돼요?"

"칼은 위험한데 조심해서 살살 잘 사용해보렴."

"엄마는 우리보고 하지 마! 안 돼! 라고 얘기를 안 하네."

"항상 해보라고하고 조심해서 하라고만 얘기하고, 엄마 멋져."

"정말 최고."

어리게만 생각했던 딸아이가 이렇게 말해주니 너무 뿌듯했다. 특별하게 자기나이에 맞지 않는 행동을 하거나 부적절한 것들을 한다면 당연히 말리겠지만 그것 외에는 모든 것을 경험하도록 놔두는 편이다. 어떤 엄마들은 이 부분이 참 어렵다고들 한다. 그렇다 쉬운 일은 아니다. 하고 싶은 것과 하고 싶은 행동은 엄연히 다르다. 부모들은 여기서 혼란이 오는 것 같았다. 남들이 봐서 옳지 않은 행동들은 제어해 주는 게 맞다.

한번은 신랑 친구의 가족들이 우리 집에 놀러 온 적이 있었다. 집에 누가 오는 걸 좋아하는 나였지만 이집사람들은 겪고 나니 다시는 발길을 끊게 하고 싶었다. 우리 집 블랙리스트에 추가요.

아이가 셋이었는데 그중 막내가 가장 별났다. 난 아랫집에 피해 안 주려고 뒤꿈치를 들고 살살 걷고 아이들도 마찬가지로 층간소음 얘기를 많이 듣고 자란지라 미안할 정도로 조심한다. 그래서 아래층 아주머니에게 세뱃돈까지 받은 아이이다. 그 아이를 내가 낳았고 그렇게 키웠다. 다 그런 건 아니겠지만 그집 엄마를 보니 애가 왜 그렇게 ADHD 처럼 행동하는지 알 것 같았다. 엄마는 벌써 술이 거하게 취해있었는데도 계속 술을 마시며 혀가 꼬부라진 채로 말을 하니 아이를 뭐라 할 수 없는 지경이었다. 그 집 아빠는 엄마를 대신해 아이들을 혼내고 있었는데 말이 먹히지 않았다.

거실에서 쿵, 방에서도 쿵. 심지어 책상에 올라가서도 쿵, 주방에 와서는 싱

크대에 올라가려는 걸 억지로 막았다. 그 가족이 머문 몇 시간 동안이 지옥 같이 느껴졌다. 아래층 집에서도 윗집에 누가 왔나했을 것이다. 평소와 다른 모습에 많이 놀라셨으리라. 올라갈까 말까 많이 망설였을지도 모르겠다.

거실에서 술판이 벌어졌고 아이들은 모두 딸아이 방으로 가서 놀고 있었다. 잠시 정적이 흘러 이제 살 았다 했는데 엄청난 일이 벌어졌다. 간식으로 준 귤을 그 막내 놈이 껍질과 귤을 딸아이 침대에 까서는 이불에다 주스를 만들어 놓았다.

그런 민폐를 끼치는데도 그 집 부모는 아랑곳 하지 않고 부어라 마셔라 하고 있는 게 아닌가? 아이엄마는 인사불성이 되어 혀 꼬인 소리를 내며 3차, 3차를 연발했고 아이아빠는 당황해서 어쩔 줄을 몰라 했다. 난 맘속으로 외쳤다.

"와, 살다 살다 저런 애랑 부모는 첨 본다! 나한테 일주일만 보내봐라 내가 당장 인간 만들어서 보낸다!"

아이가 왜 저렇게 됐는지 이해가 가고 또 이해가 가서 이해를 넘어 삼해가 될 것 같았다. 이 집 구석은 아까 말한 대로 아이가 하는 나쁜 행동에 대해서도 "YES, YES"를 외치고 내버려뒀을 것이다. 이런 잘못된 행동에는 꼭 제어가 필요하다. 그렇지 않으면 남에게 민폐가 되는 행동을 서슴지 않고 잘못 됐다는 것조차 인지하지 못한다.

아이의 주변에 친구들이 들끓다

요즘은 밥 벌어 먹기 참 힘든 세상이다. 그래서 어른들이 하시는 말씀이' 학생 때가 제일 좋다.' '공부만 열심히 하면 되잖아' 하신다. 그 당시에는 공부 하는 게 자기 본분이라 그런지 참으로 힘들다고 생각했었다. 얼른 커서 좋은 직장에 들어가 월급 많이 받아서 내가 하고 싶은 것 하며 자유를 만끽하고 싶었다.

학창시절 내 주위에는 친구들이 항상 들끓었다. 유머가 넘치고 성격이 좋아서인지 쉬는 시간이면 누가 먼저랄 것 없이 내 주위에 줄을 섰다. 선생님들의 성대모사나 연예인 성대모사 등을 하면 친구들은 재미있다고 깔깔 넘어갔다. 그래서 예술제를 하면 언제나 선생님 성대모사를 하곤 했다. 그래서 학교에서도 유명인사가 되었다.

"현경아, 샘이 그래 얘기하드나?"

"네, 똑같은데요. 선생님이 보시기에 안 똑같습니까?"

"그래 하나도 안 똑같다!"

"그래도 선생님을 연구해서 성대모사도 하고 샘 아직 살아있네."

전교생이며 선생님들께 성대모사 달인으로 통하며 인기를 독차지 했다. 예나 지금이나 유머러스하면 인기가 좋은 법이다. 애인의 조건 중에 유머러스한 남자가 상위권에 들 정도이니 말이다. 딸아이와 아들 녀석도 이런 나의 성격과 유머감각을 닮아서인지 학교에서 친구들에게 둘러싸여 인기를 구가하고 있다.

"역시 피는 못 속이는군! 역시 내 딸, 내 아들이야."

초등학교에 입학해서도 유치원처럼 친구들에게 편지와 선물을 받아오기 일쑤였다. 그 인기 어디 가겠냐? 집에 와서는 학교에서 있었던 이야기보따리를 푼다고 정신이 없다. 주말에도 친구들과 엄마가 모여 놀다보면 아이 옆에는 항상 친구들이 소복하고 모두 자기 손을 잡고 자기 옆에 앉으라고 성화였다.

상담을 가면 선생님께서 의례 하시는 말씀이다. "○○이는 친구들과 잘 지내고 배려심이 강하고 착해서 그런지 주위에는 항상 친구들이 많이 있다"는 것이다. 요즘 학교에 보내는 부모들이 걱정하는 것이 왕따이다. 유치원 때는 잘했지만 초등학교는 또 다른 곳이니 살짝 걱정이 되기는 했다. 하지만 걱정이 싹 사라졌다. 요즘 가장 큰 문제를 걱정하지 않게 해준 아이들이 너무 예쁘고 사랑스럽다.

한번은 왕따라고 하기는 뭣하고 혼자 뭐든 하는 친구가 있다고 했다. 친구가 다가가도 본인이 피하고 친구들과 어울리지를 못했다고 했다. 엄마를 만나보니 아이와 똑 같은 성향을 가지고 있었다. 부모는 자식의 거울이라고 했다. 나의 안 좋은 행동으로 인해 자식에게 까지 대물림 된다면 그 만큼 최악인 가보는 없다. 딸아이는 그런 친구가 안쓰러워 항상 말을 걸고 친구 집에 놀러갈 때

같이 가자고 얘기했다고 한다. 다른 아이들이 극구 말리는데도 말이다.

"ㅇㅇ아, 너도 ㅇㅇ 집에 같이 가서 놀자."

"……."

"야, ㅇㅇ이는 우리랑 친하지도 않은데 왜 같이 놀아?"

"친하지 않으니까 같이 노는 거지."

"ㅇㅇ가 너무 어색해서 그럴 거야."

"우리 같이 놀자. 그러다보면 친해지고 좋잖아."

"알겠어. 그러자."

같이 놀지 않겠다던 친구까지 설득해가며 친구를 만들어준 딸은 친구들 사이에서 배려의 아이콘이 되었다. 그 뒤로 말수가 적은 그 친구는 딸아이와 친해지며 다른 아이들과도 점점 가까워 졌다고 한다. 좋은 벗으로 인해 그 친구는 돈으로도 살 수 없는 큰 것을 얻었다. 값진 경험을 했을 것이다. 이렇게 인성이 바른 아이라서 친구들이 좋아하고 아이 주변을 떠나지 못하는 것 같다. 나라도 저런 사람 친구로 삼고 싶다구!

그 아이는 친구들에게 마을을 열었고 아이와 똑같은 성격을 가진 엄마도 마음을 열며 점점 변화된 모습을 보여주었다.

평생의 친구, 엄마

학창시절 누구든지 연예인들 때문에 열병을 앓아본 경험이 있을 것이다. 나 또한 많은 연예인들을 좋아했다. 중학교 시절에는 홍콩 영화배우를 너무 좋아 한 나머지 친구와 수업도 빼 먹은 채 동성로에 있는 극장을 누비고 다녔다. 그 열정이 어디에서 나왔는지……학창시절에는 내가 좋아하는 무언가에는 열정 을 쏟아 부었다. 그게 공부였다면 좋았을 텐데 아니라서 아쉽지만 말이다.

연예인에 빠져 허우적대고 정신 못 차리는 시간도 다 지나면 없어질 신기루 같은 건데 엄마는 그걸 이해하지 못하셨다. 좋아하는 연예인의 브로마이드와 노래 테이프를 사오면 쓸 때 없는데 돈을 쓴다며 꾸지람을 하셨다. 그런 것 들 을 보고 듣고 하며 사춘기의 혹독한 시절을 견뎠는데 말이다.

TV에 내가 좋아하는 가수가 나오면 나도 몰래 고함이 나와서 소리를 지르면 어김없이 엄마는 등짝스매싱을 날리곤 하셨다. 얼마나 손이 매운지 한참이 지 나도 손자국은 사라지지 않았다. 내 맘속의 자국은 여전히 남아있다. 아마 엄마는 배구선수를 하셨으면 국가대표까지 가지 않으셨을까 싶다. 그렇게 나한테 소중한 사진이나 잡지는 몰래 버리기도 하고 TV를 볼라치면 가서 공부나 하라고 으름장을 놓으셨다.

"엄마는 왜 내 맘을 몰라줄까? 내가 좋아하는 연예인을 왜 못 보게 하는 거지?"

나는 이해가 되지 않았다. 지금 나도 딸과 아들을 키우고 있지만 딸도 예전의 나처럼 아이돌 그룹을 좋아한다. 희한하게도 누가 시키지도 않았는데 이런 시기를 맞는걸 보면 신비롭기 까지 하다. 연예인에 관심도 없던 아이가 고학년이 되니 자연스럽게 연예인에 눈을 뜨니 이 시기는 인간이 거쳐 가는 한 단계인가보다. 이 또한 지나가는데 말이다. 자연스러운 단계를 이해하지 못하고 억압한다면 아이는 더 삐뚤어질 것이고 반항심만 늘어갈 것이다. 사춘기를 잘 넘겨야 아이는 크게 성장한다. 이때 부모의 역할이 중요하다. 아이가 무엇을 좋아하고 어떤 분야에 관심사를 두고 있는지 잘 관찰해서 아이와 대화하고 아이의 의사를 존중해 주어야 한다. 사춘기를 혹독하게 겪은 아이가 마음과 정신이 단단해져 커서도 흔들림 없이 모든 일을 잘 헤쳐 나간다. 그러니 이 시기에는 더더욱 엄마와 애착관계가 잘 형성되어야 한다.

딸아이 담임선생님도 아이들에게 엄청 인기가 좋다고 했다. 이유인 즉 아이들이 좋아하는 관심분야를 잘 알아서 아이와 소통하고 선생님의 권위를 세우지 않고 친구처럼 지내서이다. 요즘 참 보기 드문 선생님이다. 얼마나 감사한 일인가? 선생님과 잘 맞지 않아 스트레스 받고 뻗나가는 아이도 많은데 선생님 복이 있는 것 같다. 집에만 오면 학교에서 있었던 이런저런 일들을 엄마이자 친구인 나와 공유하며 웃음꽃을 피운다. 정말 행복한 시간이 아닐 수 없다.

아들은 딸과 달라서 모든 장난감을 섭렵하고 있다. 마트에서 몇 분 동안 장을 볼라치면 다리가 아파 죽을 것 같다고 난리를 치면서 장난감 코너에서는 몇 시간 째 보고 또 보며 피곤한 줄도 모르고 열정을 불사지른다. 요즘엔 베이(팽이)에 빠져있다. 옛날 우리 엄마였다면 딸과 아들 모두 등짝 꽤나 맞았을 것이다. 예전버릇 못 고친다고 엄마는 아들의 베이를 보시고는 뭐를 저렇게 많이 사주었냐고 나무라신다. 다른 친구들이 가지고 있는 개수에 비해 턱 없이 적은데 말이다.

요즘은 시대도 변했고 예전에 내가 겪었던 악몽을 되풀이 하고 싶지 않아서 자식이 좋아하면 같이 공유하고 좋아해 주고 응원하고 알아간다. 그 당시 엄마와 나는 불통이었고, 요즘 내 아이와는 소통을 한다.

딸이 좋아하는 그룹이 나오면 다른 일을 하고 있던 딸을 불러와 보라고 하고 브로마이드며 각종 잡지등도 스크랩해주고 앨범까지 사주며 좋아하면 덕후가 되어야 한다고 말해준다. 엄마의 학창시절 얘기를 해주며 말이다. 이도 저도 아닌 미지근한 건 내 성격상 참기 어렵다.

"○○아, 엄마도 학창시절 가수며 영화배우며 엄청 좋아했었다."

"진짜? 엄마는 어떤 사람 좋아했어?"

"유덕화, 장국영, 노이즈 등 엄청 많았지. 좋아하는 가수가 DJ를 하는 라디오 프로에 엽서를 보내서 선물도 받고 했지."

"우와. 엄마 짱이다."

"누굴 좋아하면 열정적으로 좋아해야지. 나중에 콘서트하면 같이 갈까?"

"진짜? 우와 엄마 최고."

서로 좋아하는 가수를 이야기 하며 노래도 같이 듣고 가수에 대해 정보도 듣는다. 딸아이의 생일에는 그룹의 앨범을 사주며 깜짝 놀래 키기도 하고 그룹의 노래를 따라 부르며 딸과의 친밀감을 높였다. 그래서 딸아이와는 친구 같은 사이다. 예전에 내가 엄마와 경험하지 못했던 걸 요즘 원 없이 누리고 있다. 아이와 같이 볼 수 있는 영화로 영화관 데이트를 했고 밥도 먹고 쇼핑도 하며 정말 세상에 둘도 없는 친구처럼 다녔다.

친구들 중에 친정엄마와 친구처럼 지내는 애들을 보면 신기하고 마냥 부러웠다. 결혼해서 타지에 살면서 엄마가 보고 싶어 매일 운다는 친구도 있고 엄마가 마냥 걱정된다는 친구도 있는데 난 그걸 이해하지 못했다. 엄마와의 사이는 서먹한 사이라서 오히려 안 보면 편한 사이가 되 버렸다. 임신한 친구는 엄마가 뭐가 먹고 싶은지 묻고 사와서 살이 많이 쪘다고 기쁨의 하소연을 했다. 딸이 우울해하면 쇼핑을 하면서 어울릴만한 옷과 장신구 등을 사주며 기분을 풀어준다고 했다. 특히 딸아이를 낳고나니 예쁘고 해주고 싶은 것이 어쩌나 많은지 아무것도 딸들을 위해 투자하지 않은 엄마가 이해가 되지 않았다. 딸은 공주처럼 키워야 한다고 하지 않는가? 예쁜 것만 보여주고 좋은 것 만 주고 싶은 게 부모의 마음인데 말이다.

친정엄마와 딸의 관계는 이처럼 맹목적인 사랑이다. 아낌없이 주는 나무처럼 자식이 원한다면 다 해주고 못해주면 마음 아픈 게 부모가 아닐까? 엄마와는 이번 생에는 틀렸으니 내 딸과 친구처럼 잘 지내리라 마음먹었다. 딸과는 국제시장, 암살 같은 역사적 배경이 된 영화를 같이 보며 역사 이야기도 하고 영화의 스토리나 배우에 대해서도 얘기하며 열띤 토론도 하곤 했다.

아들은 딸과는 또 다른 성향이라서 얼마 전 까지만 해도 터닝메카드 라는 자석자동차에 푹 빠져있더니 요즘은 베이(팽이)에 심취해 있다. 아이들의 장난감도 종류도 많고 이름도 다양해서 외우기란 쉽지 않다. 하지만 아이와 소통하기 위해서 인기 있는 몇몇 것들은 이름도 외우고 노는 방법까지 숙지해서 아들과 베이(팽이)시합도 같이 하며 아들의 친구가 되어준다. 아이는 더할 나위 없이 좋아한다.

　"엄마, 나랑 팽이 시합하자."

　"오케이, 콜."

　"5판이다."

　"시작한다. 준비됐지."

　"3,2,1 고 ~슛~"

　아이는 엄마와의 이 시간이 어느 순간보다 행복할 것이다. 아이가 아주 환하게 웃는다. 나 역시 웃는다. 아이와 소통하며 웃어보라 살맛나는 세상이다.

왕따 친구 구출하기

　요즘 사회적으로 문제가 되고 있는 것이 바로 학교폭력과 왕따이다. 요즘 아이들은 영악해서 그런지 학교폭력과 왕따도 표시 안 나게 하는 것 같다. 우리 학창시절에는 불량스러운 아이들이 몇몇 있을 뿐 폭력을 가하거나 왕따를 시키는 일은 극히 드물었는데 요즘은 폭력을 가하는 아이들의 나이가 점점 낮아지는 게 큰 문제이다. 딸아이가 초등학교에 입학하고 솔직히 유치원 때부터 워낙 교우관계도 좋고 예쁨도 많이 받아서 이 문제는 별로 신경이 쓰이지 않았다. 학교생활도 별반 다르지 않고 딸 주변에는 항상 친구 들이 들끓었고 그들과 빨리 친해졌다.

　지인의 딸이 다른 지역에서 대구로 이사를 오면서 딸의 학교로 입학을 하게 되었다. 딸과 그 아이는 참새가 방앗간을 드나들 듯 내 집과 그 애 집을 오가며 우정을 쌓아갔다. 그런데 그 친구는 다른 아이와는 잘 어울리지도 못하고 눈치를 슬슬 보며 반 친구들과 잘 놀지 않았다. 학기 초라 반모임을 하고 여자아이들과 엄마들이 어울려 놀기로 했는데 이 아이만 유독 친구들과 어울리지 못하고 엄마 주위만 맴도는 것이었다. 아이 엄마는 난감해 하며 학교에서 무슨 일이라도 있었는지 아이를 닦달하기 시작했다. 그 모습을 보고 있자니 마음이 짠해서 딸아이에게 눈치를 주며 그 친구와 같이 놀라고 했다. 딸아이가 다가와 같이 놀자고 해도 그 아이는 다른 아이들 틈에 끼지 못하고 혼자 겉돌기만 했다. 지인은 땅이 꺼져라 한숨을 쉬며 하소연을 했다. 안 그래도 학교에서 ○○가 다른 친구에게 괴롭힘을 당한다고 했다. 자기 아이는 여리고 착하고 체구도 작아서 그런지 타깃이 잘된다고 했다. 지우개를 몰래 숨기기도 하고 "나 너 진짜 싫거든."이라고 서슴없이 말한다고 했다. 그런 말을 들은 아이며 엄마의 마음은 어떨까? 정말 억장이 무너질 것 같다. 남의 일인 줄만 알았던 것이 자기의 일이 되니 아이 엄마는 망연자실했다.

"너무 염려 마요. 내가 도울게."

"우리 딸한테도 잘 얘기해서 문제를 해결해 봐요. 우리."

"고마워요."

"다른데서 이사 와서 아는 사람도 없었는데 ○○엄마가 있어서 정말 다행이고 감사해요."

딸아이에게 학교에서 있었던 일들을 차근차근 물었더니 다른 아이들이 ○○를 싫어해서 장난을 친다고 했다. 초등학교 1학년밖에 되지 않은 딸은 그 친구를 걱정하며 내가 반 친구들을 잘 설득해서 모두 친하게 지내도록 하겠다고 호언장담을 했다. 그런데 그 친구는 다른 아이들이 자신을 괴롭히니 학교에 가는 걸 두려워했다. 다시 전에 살던 곳으로 이사를 가자고 아우성이라고 했다. 왜 안 그렇겠는가! 친구들이 괴롭히고 수근 대고 놀아주지 않는다면 안 그래도 재미없는 학교를 무슨 재미로 다니겠는가?

그것도 초등학교1학년 햇병아리가 말이다. 아이가 '엄마, 나 학교갈래.' '난 주말이 싫어.' '친구들 보고 싶어.' 라고 하면 얼마나 아이나 엄마가 행복하겠는가? 그 친구는 다른 친구가 싫은 만큼 우리 아이에게 집착했다. 그 아이의 생일이 다가온다고 해서 좋은 아이디어를 하나 냈다.

"○○ 엄마, ○○ 생일이 다가온다면서요?"

"네, 4월 말일이예요."

"그럼 몇몇 친구를 집으로 초대해서 생일파티를 하는 게 어때요?"

"이 기회에 친구랑 터놓고 얘기하고 푸는 게 좋을 거 같아요!"

"○○엄마 생각은 어때요?"

"좋은 생각이네요. 초대장부터 만들어야겠어요!"

아이 엄마는 화색이 돌며 연신 고맙다고 했다.

"이 아이디어가 잘 성공해야 할 텐데."

내 예상대로 생일파티에 친구들이 거의 다 와서 친구를 축하하며 선물을 안겨줬다. 예상치 못했던 아이는 부끄러워하면서도 내심 기뻐했고 뒤에서 숨어서 쭈뼛쭈뼛했던 아이는 오늘만큼은 주인공이 되어 누구보다도 눈부신 하루를 선물 받았다. 아이와 친구들은 서로 어울려 놀며 언제 그랬냐는 듯 재밌고 신나게 즐기며 친해졌다. 이 친구를 싫어한다고 했던 아이도 괜히 다른 지역에서 온 아이를 텃새 아닌 텃새를 부리며 자기보다 더 여리고 체구도 작고 조용한 아이를 선택해서 공격한 것이다. 가해자 아이는 얼굴만 보면 곱상하게 생겼고 집도 여유가 있어서 남이 보면 그저 부러움의 대상일거라 생각했는데 본인은 또 다른 스트레스라는 감옥에 갇혀 허우적댔던 것이다. 이럴 때 옆에서 잡아주지 않으면 아이는 회복할 수 없을 만큼 멀리 달아나 버린다.

그 아이는 삼남매 중 둘째였는데 다 그렇지는 않겠지만 둘째들이 위에서 치이고 밑에서 치이는 중간이라 그런 스트레스를 이렇듯 학교폭력으로 많이 푸는 것 같았다. 관심을 받고 싶어서 자기를 그런 식으로 드러내는 것 같았다. 아이가 많을수록 공평하게 대하고 사랑해 주기가 참으로 힘들다. 부모가 똑같이 사랑을 줬는데 왜 그러냐? 라고 하는 부모도 있겠지만 받아들이는 자식은 다르게 느낄 수밖에 없다. 자식이 다른 형제와 평등하지 않고 차별을 느꼈다면 그건 100% 부모의 잘못이다.

딸아이는 가해자, 피해자 모두에게 잘 대해주며 다 같이 잘 지내도록 중간에서 중재자 역할을 톡톡히 하고 있었다. 나중에 커서 판사를 해야 하나? 어린 것이 어른보다도 큰일에 대처하는 능력을 보면 참으로 놀라울 따름이다. 하교 후 서로의 집을 오가며 우정을 쌓고 서로에 대해 알아갔다. 지인은 딸과 나의 말이라면 이제 팥으로 메주를 쑨다고 해도 믿을 만큼 우리 모녀에게 모든 걸 맡기고 의지했다. 왜 안 그렇겠는가! 학교 가기 싫어하던 친구를 학교로 다시 보냈고 아이의 얼굴에 화색이 돌게 했으니 말이다. 우리딸아이를 은인이라 생각하지 않겠는가?

또 다른 지인에게서 충격적인 말을 들었다. 지인의 아이는 초등학교 2학년 여자아이인데 1학년 말부터 같은 반 친구에게 폭력을 당했다고 했다. 아이가 엄마에게 계속이야기를 했는데 바쁘다는 핑계로 건성으로 들어 넘겼다고 한다. 여리고 착하고 왜소한 아이들 즉, 자기보다 힘이 약해보이는 아이들을 타깃으로 삼았다. 이점도 학교폭력의 한 특징인 것 같다. 자신보다 약자를 건드는 것 그것은 어찌 보면 당연한 결과이다. 강한 사람에게는 약하고 약한 사람에게는 강한 건 못난 사람들이 하는 짓이다.

지인과 아이는 충격에 휩싸였고 그 일이 불거지고 지인의 아이뿐만 아니라 같은 반에 여러 명이 폭력을 당했다고 했다. 초등학교 1학년 여학생이 어찌 그리 당돌하고 피해자들의 부모들은 모두 기가 막혀 혀를 찼다고 한다. 아이들에게 폭력을 가할 때는 CCTV가 없는 사각지대에서 때리고 괴롭혔다고 한다. 1학년짜리가 그런 걸 어떻게 알고 했을까? 참 씁쓸했다.

가해자 아이와 그 엄마를 불러 학교에서 진상조사를 했다고 한다. 아이가 그런데는 다 이유가 있었다. 그 아이의 엄마는 초등학교 1학년인 아이를 학습적으로 닦달하고 스트레스를 줬다고 한다. 어린마음에 스트레스의 대상을 같은 반 친구인 약자들에게 풀고 있었던 것이다.

반년이 넘게 지속된 학교폭력이 아무도 모르고 피해자들과 가해자만이 속병을 앓는 지경이 되었는지…….참으로 안타까운 현실이 아닐 수 없다. 피해자 아이들의 상처와 트라우마는 어떻게 보상하고 치유할 수 있는가? 가해자의 엄마는 형식적으로 사과를 하고 아이와 부모 모두 반성의 기미를 보이지 않고 문제 자체를 크게 인식하지 않았다고 한다. 이 상황만 보더라도 가정에서 문제가 바깥으로 삐져나와 더 큰 사회적 문제를 일으킨다. 그러니 가정에서 부모의 역할이 얼마나 중요한지를 다시금 느끼게 된다. 이 학교에 우리 딸이 있었다면 일이 이렇게 까지 커지지 않았을 텐데…….아이에게 공부만을 강요하고 인성을 가르치지 않으면 이런 일은 to be continued며, comming soon이다.

자녀들에게 무엇보다 누구도 침범할 수 없는 내적으로 단단함을 길러주는 게 중요하다. 그래야만 누군가가 옆에서 흔들거나 부딪혀도 버티고 무시할 수 있는 힘이 생긴다. 자신이 가장 소중한 사람이며 아무도 나를 무시하거나 괴롭힐 수 없다고 어릴 때부터 세뇌시키면 자연스럽게 거부감 없이 성장하게 된다.

문명이 발달할수록 아이들은 더 똑똑해지고 경쟁심도 커져가서 학교폭력은 더 심해질 터이니 우리아이들의 내적인 부분을 성장시켜 더 단단하게 만들어 주어 흔들림 없이 살아가도록 도와주는 것이 부모의 몫이다.

아빠의 무관심, 엄마의 정보력

우리 집에 같이 사는 남자도 좀처럼 아이들의 교육에 관심이 없다. 아이의 친구들 아빠를 보면 학교교육에도 참여하고 아이의 교육에 대해서라면 물불을 가리지 않고 열정적인데 우리 집 양반과는 참으로 비교가 된다. 엄마가 정보력을 가지고 아이들을 가르치면 70~80% 잘 된다고 하는데, 아빠가 관심을 갖고 열성을 보인 아이들은 거의 90%이상 잘된다는 통계도 있다. 그만큼 아버지가 교육열이 높으면 아이는 당연히 잘 될 수밖에 없다는 것이다.

요즘 우스갯소리 중 공부 잘하기 위한 3요소에 아빠의 무관심, 엄마의 정보력, 할아버지의 재력 '이라는 말이 있다. 우리 집에는 두 가지가 해당된다. 엄마의 정보력과 할아버지의 재력이었으면 좋겠지만 아쉽게도 아빠의 무관심이다. 오히려 남편이 무관심해서 내가 더 정보력을 키웠는지도 모르겠다. 남편과 아이들의 교육문제에 대해 상의를 하려고 해도 나보고 다 알아서 하라고 하니 난감할 때가 많다.

'참으로 씨만 뿌렸구나! 추수할 생각은 없는 게로 구나. 짐승인 게냐?'

그래도 참으로 웃기는 것은 아이들 교육에 전혀 관심이 없는 사람인줄 알았는데 시험이나 대회, 선거 등이 있으면 꼭 결과를 물어오곤 했다.

"오늘 대회라던데 어떻게 됐어?"

"헐, 결과는 궁금해요? 관심 없는 줄 알았는데."

씨를 뿌린 사람이니 영 무관심 할 수는 없는 모양이다. 그게 과정이 아니라 결과에만 집중 되서 문제지만 말이다. 나는 남들이 좋다고 해도 나와 맞지 않으면 선택하지 않고 남들처럼 팔랑 귀도 아니다.

엄마들 중에 팔랑귀들이 많아서 이것도 좋고 저것도 좋고 다 좋은 거 같아서 결국 중요한 시점 선택의 순간에는 결정 장애가 와서 일을 그르치는 경우도 있다. 부모들도 자기만의 잣대를 가지고 옳고 그름을 판단해야 자녀들에게 좋은 정보를 줄 수 있다. 부모가 흔들리고 갈팡질팡 한다면 자녀는 더 혼란스럽다. 또한 엄마가 많은 정보를 가지고 있다고 하더라도 자녀가 가려고 하는 방향과 다르다면 절대 강요해서는 안 된다.

딸아이의 반 친구 중에 아빠가 엄청 열정 적인 분이 있었다. 학교 부모교육이 있으면 항상 빠짐없이 참여했고 상담이며 학교의 전반적인 행사는 모두 아빠의 몫이었다. 교육이 있는 날 이면 일찍 와서 제일 앞자리에 자리를 잡고는 강사의 한마디를 놓칠세라 적으면서 열성적으로 임했다. 다른 엄마들 사이에서 아빠는 직업도 없는 백수라고 생각했는데 자영업을 하고 있어 학교에 일이 있으면 다른 사람에게 일을 맡겨놓고 온다는 것이다. 아빠가 그러기 쉽지 않은데 참으로 존경스럽기 까지 했다. 자꾸 우리 집에 있는 남자분과 비교 되는 건 기분 탓일까?

열정적인 아빠는 강사의 강의가 끝나면 질문공세로 이어졌다. 아빠의 열정과 노력만큼이나 아직까지 아이는 별 탈 없이 잘 자라고 있다. 아이는 모든 걸 적극적으로 수행하고 아빠의 열정적인 모습도 많이 닮았다고 한다. 아빠가 그렇게 열정적으로 모든 일에 임하는데 아이가 잘못 된다는 건 말도 안 되는 소리다. 그 아이 아빠는 아이의 영어 실력 향상을 위해 아내와 두 아이들을 외국으로 보내고 기러기 생활을 하면서도 씩씩하게 생활했다. 학교 엄마들에게 부러움의 대상이 되었다. 그 아이 아빠로 인해 부부 싸움하는 가정이 늘었다는 우스갯소리도 있다.

유학을 다녀온 아이들은 몸과 마음이 더 크게 자라서 모든 이가 우러러 보았다. 이 가정은 다른 집과 반대로 아빠의 정보력이 가장 큰 비중을 차지한다. 부럽게도 할아버지의 재력도 조금 있다고 들었다.

모두가 소망하는 그런 가정이 아닐 수 없다. 하지만 제일 중요한 것은 엄마의 정보력이니까 괜찮다. 우리가 가진 것은 돈도 권력도 아닌 발로 뛰어다니며 얻은 정보 아닌가! 그거면 됐다.

인성 공화국

　요즘 학교나 사회에서 가장 중요하게 여기는 것은 인성이다. 인성교육은 가정에서부터 시작된다. 그 교육을 시행하는 주체는 바로 부모이다. 아이는 부모의 인성을 보고 배우고 자란다. 그러니 부모로서 얼마나 막중한 책임감을 갖고 행동해야 할지는 말하지 않아도 알아요! 요즘 아이들은 스마트 시대에 살고 있다 보니 전자매체들의 홍수 속에서 살고 있다고 해도 과언이 아니다. 텔레비전, 스마트폰, 컴퓨터만 켜면 선정적인 장면들과 자극적인 것들이 너무 많다 보니 호기심 많은 아이들에게는 혹 하기 마련이다. 역시 우리나라는 IT강국답다. 우리 때는 고작 뽀뽀하는 장면에 소리를 지르고 난리를 쳤는데 요즘 아이들에게 뽀뽀는 아무렇지 않은 장면이 된다.

　성에 빨리 눈뜬 아이들은 삼삼오오 모여서 접해서는 안 되는 동영상을 보며 어른 흉내를 내기도 한다. 이런 호기심이 잘못되면 해서는 안 될 짓까지 하게 된다. 아이들에게 어릴 때부터 정서적으로 건강한 삶을 가르쳐야 하는 게 부모로써 할 일이다. 아이들의 본분을 지키고 하지 말아야 할 것은 배제하려면 인성교육을 지속적으로 시켜야 한다. 호기심에 봐서는 안 되는 동영상을 한번 볼 수는 있지만 친구들과 몰려다니며 여학생들을 괴롭히고 나쁜 어른들 흉내를 낸다면 정말 큰일이 아닐 수 없다.

요즘 학교에서도 성교육을 일찍부터 시키는 이유도 점점 아이들이 성에 눈 뜨는 나이가 빨라지기 때문이다. 인성이 바른 아이들은 양심 이라는 게 있어서 해야 되고 하지 말아야 할 일을 구분 지을 수 있다.

하지만 인성이 제대로 자리 잡지 않은 아이들은 나쁜 짓을 해도 양심의 가책 이라는 걸 느끼지 못해서 바늘도둑이 소도둑 되는 것처럼 쉽게 죄를 짓고 더 큰 죄를 지어도 무감각 해 질 것이다.

나의 초등학교 때 일이다. 학교에서 독후감을 써오라는 숙제가 있었다. 그 당시에는 원고지에 글을 적었는데 난 정성스레 써서 가져갔었다. 선생님께서 독후감을 거두라고 하셔서 원고지를 찾으니 감쪽같이 사라진 것이다. 이게 어찌 된 일이지? 난 울며불며 찾고 있는데 내 짝꿍이 제출하려고 내는 독후감 원고지가 어디서 많이 본 거였다. 책이름, 내용, 글씨체, 모든 것이 내 것과 일치했다. 이름만 자기 것으로 바꾼 것이다. 난 기가 막혀 짝꿍에게 따지듯 물었다.

"야, 그 게 왜 너한테 있어? 그거 내가 쓴 독후감인데?"

짝은 시치미를 떼며 당황한 듯 말했다.

"아, 아, 아니야. 내가 쓴 거야!"

"뭔 소리야? 이름만 지워서 네 걸로 바꿨 구만!"

"아니라니깐. 증거를 대봐! 그럼."

"증거? 있지. 넌 죽었어. 씨. 감히 내 껄 훔쳐? 이 도둑년."

난 당당히 연습장을 보여줬다. 연습장에다 먼저 써서 원고지에 옮겨 적었기 때문에 엄연한 증거가 있었다.

"자, 봐. 원고지에 적은거랑 똑같지?"

선생님께서도 노발대발하며 짝꿍을 혼내셨다. 짝은 울면서 잘못했다고 용서를 빌었다. 난 절대 용서하지 않았다. 학년이 끝날 때 까지 그 아이와 말 한마디 하지 않았다. 그 아이는 지금 어떻게 되어 있을까? 참으로 궁금했다. 초등학교5학년이 짝의 숙제를 훔쳐 이름을 고치고 자기숙제인양 제출하면서 아무런 죄책감도 느끼지 않고 오히려 큰 소리치다니…….지금도 그때의 기억이 생생하다. 연습장의 증거가 없었더라면 나는 억울하게 숙제를 열심히 해가서 '눈뜨고 코 베일 뻔했다.'

어릴 때부터 없이 살아도 절대 남의 것을 빼앗거나 탐내서는 안 되고 정직하게 살아야 한다고 귀에 못이 박히게 들은 터라 그 아이의 행동이 더 더욱 믿기지 않고 용서가 되지 않았다. 자기의 이익을 위해 남을 곤경에 빠뜨리는 사람들 모두 인성을 갖추지 못했기 때문이다.

나도 아이들에게 가장 중요하게 가르치는 덕목 중 하나가 거짓말하지 말라는 것이다. 거짓말은 거짓말을 낳고 또 지울 수 없는 커다란 거짓말을 낳는다. 아이들이 거짓말을 하면 호되게 꾸짖어야 한다.

딸아이가 초등학교 1학년 때 같은 반 친구가 발을 다쳐 깁스를 하게 되었다. 딸아이는 불편한 친구를 위해 가방도 들어주고 손과 발이 되어주며 도왔다. 자신도 갓 입학해 적응하기 힘들 텐데 친구를 보살피고 도와주는 모습에 담임선생님께서 문자까지 보내주시며 칭찬을 아끼지 않으셨다. 그런데 그 친구와 엄마는 입에 달면 삼키고 쓰면 뱉는다고 자기 필요할 때는 알랑방귀를 뀌면서 정보를 다 캐어내고는 우리모녀를 모른 척 했다. 항상 우리 아이를 질투하고 시기했다. 그런 부모 밑에서 아이가 제대로 배울 리가 있겠는가? 부모와 똑같이 행동하고 이기주의로 자라서 사회생활이나 제대로 할 수 있을지 참으로 걱정이 된다.

요즘 길을 지나가다 아이들이 모여 이야기를 하는 걸 들으면 거침없는 욕설이 터져 나온다. 도대체 저런 욕들은 어디서 배운 거지? 놀라운 건 초등학생 정도로 밖에 안 보이는 아이들이 남의 눈도 의식하지 않은 채 과시하듯 욕설을 내뱉었다. 정말 다가가서 눈이 튀어나오도록 머리를 한 대 때려 주고 싶은 심정이지만 요즘 세상에 그랬다간 경찰서 신세일 테니 꾹 참았다. 욕뿐만 아니라 외계어도 아니고 줄임말들을 써가며 자기들의 세상 속에 살고 있었다. 세상이 변하였으니 우리 시대 때의 풍속을 따르라고 강요할 수는 없지만 정도가 심각하다. 여전히 가정과 학교가 존재하는데 이렇게 예전과 다른 이유는 도대체 무엇일까?

"세종대왕님이 노하셔서 벌떡 일어나시겠다. 얘들아."

인터넷이 발달하고 게임 산업이 발달함에 따라 자극적인 콘텐츠들이 늘어나면서 잘못된 언어라고 인식하기전에 익숙해지거나 유행어처럼 확산되는 것 같다. 또 다른 친구들이 사용하는 데 나만 사용하지 않으면 괜히 소외될 것 같은 불안감이 들어서일 것이다. 나쁜 언어를 사용하면 뇌에 안 좋은 영향을 미치고 제대로 뇌가 성장하지 못한다고 하니 학교에서나 특히 가정에서 세심히 관찰하고 관심을 기울 여야 겠다. 아이들에게 욕이나 비속어 줄임말 등은 단순한 유행어가 아니라 잘못된 언어임을 깨닫도록 계속 얘기해주고 언어순화 교육도 필요하겠다. 그 사람의 인격과 인성을 말해주는 것이 바로 말이다. 어떤 사람과 몇 마디 나눠보면 그 사람의 인격과 인성이 보인다. 그러므로 말을 할 때는 더 조심해서 주의를 기울여서 해야 한다. 자녀에게도 어릴 때 부터 말은 자신의 인격이고 인성을 나타내는 것이므로 함부로 해서는 안 된다고 교육해야한다.

인성 공화국을 만들기 위해 학교와 가정 모두가 나서 아이들을 지도하고 가르쳐야 한다. 그러면 인성을 갖춘 아이들이 사는 행복한 인성 공화국이 될 것이다. 우리 함께 아름다운 인성 공화국 만들어 보자.

공부도 놀이처럼

우리 때도 지금도 아이들 중에 공부를 좋아해서 하는 아이는 사실 드물 것이다. 공부를 잘하는 아이도 좋아해서 한다기 보다 의무감으로 아니면 부모가 시켜서 억지로 하는 경우가 다반사다. 나 역시 공부에는 그다지 취미가 없었으므로 내가 좋아하는 과목과 분야가 아닌 것은 지루하고 곤욕이었다. 요즘은 예전과 많이 달라져서 공부도 재미있게 놀이와 결합하여 가르쳐서 효율성을 높이지만 예전 우리 때는 어땠는가? 뭐든 달달 외우고 어렵게 풀고 하니 공부에 취미가 없는 아이들은 손을 놓을 수밖에 없다. 예전 나의 초등학교 시절에는 공부 잘하는 애들이 몇 명 안 되었는데 요즘은 거의 평준화 되어서 못하는 애들 몇 명을 제외 하고는 거의 비슷하게 잘하는 것 같다. 그 이유가 공부를 가르치는 방법에 달려있는 것 같다. 요즘은 학원에서도 아이들이 흥미를 잃지 않도록 쉽고 재미있게 놀이형식으로 가르치다 보니 아이들이 받아들이는 게 더 효과적인 것 같다.

아이들이 유치원생일 때 로봇공학자인 데니스 홍 박사의 강연을 들으러 간

적이 있었다. 재미교포인 홍 박사는 캘리포니아 대학에서 기계공학을 가르치는 교수이자 로봇연구소 로멜라의 소장이었다. 특유의 제스처와 시원시원한 말투와 자신감으로 아이들과 부모들의 마음을 사로잡았다. 아이들과 사진을 찍으며 활기찬 그의 모습에 아이들도 매료되었다. 완전 에너자이저 홍이라 해도 과언이 아닐 만큼 에너지가 넘치고 활기찼다. 우리 아이들도 홍 박사처럼 다른 건 몰라도 에너지와 생기가 넘쳤으면 했다. 홍 박사가 로봇 공학자로 성장 할 수 있었던 것도 다 부모님의 영향이었다. 호기심 많고 매일 실험을 하는 데니스 홍에게 아버지는 공작대를 직접 만들어 주면서 아이의 궁금증과 호기심을 풀게 해 주었다. 어떤 실험을 해서 전자제품을 망가뜨려도 절대 혼내지 않고 함께 궁금증을 풀도록 도와주었다고 한다. 또 화학실험을 할 수 있도록 약품과 도구들을 사 주시며 함께 실험하고 놀았다고 한다. 항상 사고를 쳐도 혼내지 않고 이해해 주신 부모님이 계셨기에 지금의 로봇공학자 데니스 홍이 있는 거라고……. 홍 박사는 또 모든 공부를 재미있는 놀이처럼 했다고 한다. 그러니 쉽게 지치지 않고 흥미롭고 궁금해서 공부를 더 할 수 있었다고 한다.

당시 한창 인기였던 공상과학영화 스타워즈를 본 뒤 사람을 돕는 유용한 로봇을 만드는 로봇과학자가 되겠다고 결심했다고 한다. 그때부터 아버지의 전폭적인 지지와 도움으로 홍 박사는 비행기며 풍력 발전기 등을 설계하고 직접 제작해보며 신나게 즐기며 꿈을 키워 나갔다. 결국 좋아하고 잘하고 가치 있는 일을 꿈으로 갖고 있다가 실현하게 된 그가 참으로 존경스럽다. 홍 박사는 에너지가 넘치고 옆에 있는 사람까지 기분 좋게 하는 마력을 지닌 사나이 같았다. 왠지 그의 강의를 듣고 있으면 뭐든 될 것 같고 모든 것이 긍정적으로 바뀌게 될 것 같다. 아들 녀석이 홍 박사의 강연을 듣고 그가 쓴 책을 읽은 후 자기도 데니스 홍 박사 같은 훌륭한 로봇공학자가 되고 싶다는 꿈을 가졌다. 요즘 아이들은 꿈이 없고 하고 싶은 일도 없다고 하는데 우리아이들은 하고 싶은 일과 꿈이 있어서 얼마나 다행인지 모르겠다.

　나 또한 아이들이 허황된 꿈 얘기를 한다 해도 절대 아이를 무시한다거나 윽박지르는 일이 없다. 딸아이가 유치원 때부터 의사가 되고 싶다고 해서 의사가운을 맞춰서 입히고 청진기도 장난감이 아닌 진짜 청진기와 흡사한 걸로 사서 함께 의사놀이를 하며 의사의 꿈을 키워줬다. 아들은 블록박사에 로봇박사라서 자기가 좋아하는 블록과 로봇을 사주면서 함께 만들어 보고 또 다른 방식으로 만들며 변화를 주고 새로운 것을 창작하게끔 만들었다. 수학문제를 풀어도 그냥 재미없게 지루하게 푸는 것이 아니라 도형을 배우면 쌓기 블록을 가져와서 직접 쌓아올리며 원리를 찾아서 스스로 터득하게 만들었다. 그러면 어렵고 지루한 수학도 놀이처럼 재미있어 오히려 더 하고 싶어 한다.

　공부도 흥미가 있어야 잘할 수 있는 법이다. 그래서 인지 딸아이는 제일 좋아하는 과목이 수학이다. 어려서부터 재미있게 놀이처럼 경험했던 수학이라 겁 없이 척척 풀어내는걸 보면 참으로 대견하다.

　"○○아, 수학 어렵지 않아?

　"아니, 풀면 풀수록 재미있고 어려운 문제를 풀수록 성취감이 더 커져서 좋아"

　"역시 넌 돌연변이구나?"

　나는 "수학이 싫어요!"를 외쳤던 사람인데 말이다. 수학과 과학을 좋아해서 집에서도 항상 뭔가를 조물락 대고 수시로 뭔가를 만든다. 오리고 붙이고 그리고 항상 그녀의 책상은 쓰레기장 같다. 예전의 천재들이며 이름을 날린 과학자들의 모습도 이러했으리라 짐작된다. 나중에 공대의 홍일점이 되려나? 베이킹 소다, 물풀, 샴푸 ,등을 이용해 액괴를 만들고 레고를 단숨에 조립해 버린다.

　학교에서도 과학실험 방과 후는 꼭 신청해서 했고 상상력이 풍부해서인지 과학 창의대회나 디자인 경연대회에서는 꼭 상을 받아 오곤 했다. 생활기록부에는 항상 선생님들이 이구동성으로 한 말이 있었다. "남들과 다른 창의적이고, 독창적인 사고가 뛰어나다." 는 말이었다.

　난 항상 아이들에게 강조한 것이 그것이다. 남과 똑같이 하지 말고 남과 다르게 생각하고 다른 사람들이 YES할 때 NO 도 외쳐보라고 . 그래서인지 아이들은 다른 아이들과 차별화가 된 것 같다. 이 방법도 엄마가 말로만 해서는 안 된다. 무수히 교육시키고 엄마도 같이 노력하고 일조해야한다.

정답은 없어

우리가 초등학교 아니 국민 학교 다니던 시대에는 국어문제나 도덕문제의 답이 정해져 있었다. 하지만 요즘 국어문제를 보면 모두가 정답일 수 있는 경우가 많다. 사람마다 생각이 다르고 느끼는 감정이 다른데 감정을 묻는 문제가 수두룩하다. 그러니 저학년인 아들아이도 대략 난감해했다.

"엄마, 이 문제 답이 도대체 뭐야?"

"글쎄, 정말 모두가 다 답인 것 같네."

"왜 이런 문제를 낸 거야!"

"사람들이 생각하고 느끼는 게 다 다른데 이런 문제에 정답이 있을 수 있어?

난 너무 화가 났다. 이 따위 문제를 출제한 학교며 선생이며 찾아가 한 대 후려갈기고 싶었다. 아이는 혼란스러워 하며 시험문제를 이해 할 수 없다는 듯 갸우뚱 거렸다. 뭐 이런 문제를 내고 있냐고 학교에 전화를 넣고 싶었다. 요즘 시대가 어떤 시대인데 이런 문제를 내는 거지! 아니면 아예 주관식으로 아이들에게 주인공이 느끼는 감정을 적으라고 하던지 말이다.

"○○야, 맞고 틀리고를 생각하지 말고 네가 생각하는 대로 풀어."

"이 문제에는 정답이 없어."

아이는 알겠다고 하면서도 고개를 갸우뚱거리며 이해 못하는 눈치였다. 우리나라의 공교육현실에 참으로 문제가 많다는 걸 다시금 느꼈다. 딸아이도 마찬가지로 주관식으로 답을 적은 문제가 틀린 적이 있어 아이는 이해 못하겠다고 억울함을 호소하며 눈물까지 흘렸다. 난 아이를 달래며 초등학교 시험에 너무 목숨 걸지 말라고 조언해주며 네가 쓴 답이 정답이라고 아이를 위로했다. 선생님들의 객관적인 판단으로 시험의 답을 평가 한다는 게 너무 속상했다. 딸아이에게도 아들에게 얘기 한 것처럼 문제의 정답은 없다고 네가 생각하는 답이 정답이라고 말해주었다. 그러니 딸아이도 안심하며 자기 주관대로 문제를 풀고 틀린다하더라도 거기에 크게 얽매이지 않는다.

잘 사는데도 정답이 없다. 사람들마다 자기만의 행복의 기준이 다르기 때문에 본인들이 추구하는 행복의 기준에 부합하면 되는 것이다. 이건희 삼성회장처럼 돈이 많아서 행복한 사람도 있고 가진 건 없지만 자식들이 다 잘돼서 행복한 사람, 자식들이 풍성해서 밥 안 먹어도 배부른 사람, 자기가 하고 싶은 일을 하는 사람 등등 세상살이에 정답이 있겠는가? 나도 별 욕심 없이 가족모두 건강하고 나와 아이들이 하고 싶은 일을 하며 사는 게 행복의 기준이다. 인간극장이라는 프로를 보면 별의별 사람들이 다 나온다. 하지만 공통된 것이 하나 있다. 거기에 나오는 주인공들은 힘든 일도 겪고 아픔도 있고 모두 자신들만의 고통을 갖고 있는 사람들이지만 너무 행복하다는 것이다. 가진 게 많아서도 많이 배워서도 아니다. 지금 주워진 것에 만족하고 산다는 것이다. 이 프로를 보면 많은걸 느끼고 반성하고 배우게 된다. 세상살이에 뭣이 중헌지를 알게 해주는 프로라서 즐겨 본다.

나의 초등학교 시절 친구는 소아마비라서 엄마가 항상 등굣길에 가방을 들어다 주었다. 항상 등굣길에 만나서 인사를 드리면 친구의 어머니는 힘드실 텐데도 한 번도 인상한번 찡그리지 않으시고 비가 오나 눈이오나 그 친구의 손과 발이 되어 주셨다. 친구도 그런 어머니를 닮아 몸은 불편해도 항상 웃는 밝은 아이였다. 난 이렇게 멀쩡한데 매일 불평만 늘어놓는데 그 친구에게 미안했다. 딸아이가 초등학교에 입학하고 얼마 안돼서 같은 반 친구가 발을 접 질러 금이 갔다고 했다. 그 친구의 엄마는 대략 난감해 하며 언제 까지 이 짓을 해야 하나 며 불만을 토로했다.

잠시 깁스를 해서 며칠을 데려다 준다고 해도 힘든 일인데 평생을 딸의 매니저처럼 따라다니며 시중을 들어야 하는 고통을 겪어보지 않으면 모를 것이다. 하지만 어머니이기에 가능한 일이 아닐까? 그 분의 얼굴을 보면 아픈 자식을 둔 부모라고는 믿기지 않을 정도다.

우리엄마는 정상적인 아이들을 키우면서도 매일매일이 인상파였는데 말이다. 그 친구에게 조심스레 물어본 적이 있었다.

"○○야, 너희 어머니 진짜 대단하신 것 같아."

"그래, 맞아. 너무 죄송하고 감사하지."

"항상 웃으시고 날개 없는 천사 같아."

"엄마는 내가 이렇게라도 같이 있는 게 너무 행복하대."

난 눈물이 핑 돌았다. 저게 바로 엄마의 마음인가? 힘들고 어딘가로 떠나고 싶은 돌파구를 찾고 싶었을 텐데도 묵묵히 자식을 위해 아낌없는 희생을 하시는 어머님이 이 시대의 정답이다.

차려진 밥상에 숟가락 없는 사람들

남편은 희대의 사기꾼이다. 결혼하면 뭐든 다 해줄 것처럼 스위트한 말로 날 현혹시켜놓고선 결혼 후에는 아무것도 도와주지도 해주지도 않는다. 각서를 받아서 공증까지 해놓았어야 했는데……. 결혼이 처음이라 너무 순진했다. 집에만 오면 소파붙박이가 되어 꼼짝도 하지 않고 TV 리모컨 만 움직였다. 주위에 남편이야기를 하면 첨에 길을 잘 들였어야지 하며 혀를 찬다. 하기야 내가 잘못 길들인 점도 있긴 하다. 남편은 하늘이요 나는 땅이 아닌 동등한 하늘이고 싶었는데 남편은 자신만 하늘로 받들어주길 바랐다. 사람이 양심이 있으면 이렇게 까지는 못 할 텐데 말이다. 정수기가 코앞에 있는데도 자기 앞에 물을 대령하라고 하고.

"난 지금이 조선 시댄 줄."

남편은 왕이요..나는 수라간의 기미상궁처럼 모든 걸 그 앞에 대령했다.

"어휴, 내가 미쳤지."

오죽하면 문주란이란 가수의 노래가 히트를 쳤을까? 요즘 내 가요방 18번이 바로 이 노래이다. "남자는 여자를 귀찮게 해" 어찌 그리 가슴에 속속들이 와서 박히는지……. 진짜 나를 귀찮게 하고 뚜껑이 열리게 한다. 내가 인내하지 않으면 아마 매일 장미의 전쟁이 일어날 것이다.

다른 집 남자들도 대다수가 이런가 보다. 몇몇을 빼고는 모든 결혼한 여자가 겪는 현실인가 보다. 그러니 조금 위안이 된다. 주위에 남편들이 정말 잘하는 사람들도 많던데……. 어떻게 된 걸까? 남편은 식탁에 맛있는 음식들을 차려놓으면 앉아서 먹기만 하고 자기가 먹은 그릇조차도 설거지통에 담그지 않는다. 아이들도 하는 일을 제일 큰아이가 하지 않는다. 시키면 다음에 할게 하면서 그 순간을 모면하려고 한다. 시어머니께 하소연을 하면 다행히 내 편을 들어준다.

"아이고, 요즘이 어떤 세상인데 남자가 안 도와주노? 이놈이 간이 배밖에 나왔구먼! 요즘은 그렇게 하다가 남자가 소박맞는다! 알겠나. 이놈아! ○○ 에미니까 참고 사는 거지 다른 여자들 같으면 난리난다!"

자기 어머니가 하는 이야기니 뭐라 말할 수도 없고 쥐구멍을 찾듯 슬그머니 빠져나간다. 자기가 좋아하는 분야를 빼고는 전혀 무관심한 남편이니 아이들 교육에도 관심이 있을 리 만무하다. 앞에서도 언급했지만 아빠의 완벽한 무관심이다. 아이들이 학교에서나 학원에서 대회개최나 시험 선거를 치루면 아무 도움도 되지 않다가 결과에만 집착해서 잊지 않고 전화로 묻곤 한다. 남편은 그런 결과물이 거저 이뤄진 걸로 생각한다. 엄청난 착각이다.

"설마! 표현을 안 해서 그렇겠지! 거저 아이들이 잘해서 이룬 거라고 생각하지 않겠지! 만약에 그렇다면 가만두지 않겠어!"

아이들이 그만한 성과를 이룬 데는 내 피땀눈물이 베어있다는 걸 꼭 상기시켜주고 싶다.

그러고는 지인들이나 친구들에게 자식자랑을 하며 자기가 이뤄낸 것처럼 으스 댄다. 완전 다 차려진 밥상에 숟가락만 얹을 심사 아닌가? 영화배우 황정민은 자기가 연기를 잘해서 받은 남우주연상의 영예도 스태프들에게 돌리며 자기는 다 차려진 밥상에 숟가락만 얹었을 뿐이라고 겸손함을 드러냈다.

어찌 이리 우리남편과 다를까? 누가 내 남편 좀 말려주세요.

또 이해 못할 분이 계신다. 내 남편의 부모님이다. 딸아이는 나이에 비해 어른스럽고 말을 예쁘게 해서 어른들이 놀랄 때가 많다. 솔직히 그런 말들도 엄마인 내가 가르치지 않고 거저 되었겠는가 말이다. 그럼 말이라도 우리 며느리가 참 애들 교육을 잘 시켜서 우리 ○○이가 저래 말을 예쁘게 하고 어른들한테 잘하는 거지 하면 어디가 덧나는가 말이다. 그런데 꼭 이구동성으로 하는 말이

"우리 ○○이는 어째 이래 말을 예쁘게 할꼬? 누가 가르쳐 줬어? 참 희한하다 어린 것이!"

"어머님, 누가 가르쳤겠어요? 당연히 저죠. 제가 어머님 아버님께 하는 거 보면 모르시겠어요?

난 이렇게 일침을 가하고 싶어 입이 달싹거렸지만 차마 가정의 평화를 위해 내 하나가 희생 하는 걸로 마무으리 하곤 했다. 속이 부글부글 끓고 뒷골은 당기지만 말이다. 같은 피 아니랄까봐 어머님 아버님도 숟가락만 얹으며 남들에게 손녀 자랑을 하곤 한다. 아이고 내 팔자야. 누가 내 맘을 알아줄까! 딸아이가 이제 어엿한 숙녀가 되니 엄마의 마음을 헤아릴 줄 안다.

"엄마, 내가 엄마 맘 다 안다."

"그러니 너무 마음 상하지마."

"엄마 옆에는 내가 있잖아."

"아이고, 우리 딸이 언제 이렇게 커서 엄마를 다 위로하고"

이럴 때 자식 키운 보람을 느낀다. 내가 이 세상에서 가장 잘 한일은 아이를 낳고 엄마가 된 것이다. 이 세상 모든 여자들에게 고한다. 결혼해서 엄마가 되라고, 그것도 현명한 엄마가.

대학 때도 조별과제를 하라고 하면 절대 동참 안 하던 인간들이 과제 이름에는 자기의 이름을 슬며시 올리려고 하고 뒤늦게 합류해서 숟가락만 얹으려고 한다. 자료와 프레젠테이션을 다 만들어 놓으면 자기가 몇 번 연습해서는 브리핑하고 자기가 한 것 마냥 설친다. 그런 후 슬그머니 밥 한 끼로 떼 우 려 하는 미꾸라지 같은 인간들이 많았다. 난 지금도 추어탕을 잘 먹지 않는다. 그때의 미꾸라지 같은 인간들이 생각나서이다.

요즘은 초등학교, 중학교에서도 조별, 모둠별 과제를 많이 한다던데 별반 다르지 않다고 한다. 열심히 준비하는 아이들만 하고 남의 일인 듯 뒷짐 지고 있는 아이들. 꼭! 평가시에는 차별화가 있어야 한다. 열심히 최선을 다하는 이들에게 피해를 주고 또 불이익을 받는 일이 절대 있으면 안되겠다.

칭찬 먹고 사는 아이

우리 집 둘째 녀석은 첫째와 성향이 다르다. 아들과 딸이라서 다른 점도 있고 첫째 딸과는 다른 무언가가 있다. 태어날 때부터 남달랐다. 3.97kg로 엄마를 황천길 보낼 뻔? 한 아이이다. 이 녀석을 낳다가 별을 봤다. 남편도 못 따다 준 별을……. 다들 '우와, 몸무게부터가 남다르다.' 고 큰 아이가 되겠다고 입을 댔다. 신생아실에 커튼이 젖혀지고 아기들이 쭉 누워 있어도 아들만큼은 쉽게 찾을 수 있었다. 다른 아이들과 많게는 1kg이 넘게 차이나니 얼굴 사이즈부터가 월등했다. 시어른은 남들과 다른 떡 두꺼비 같은 아들을 보고 싱글벙글이었다. 아버님은 태어난 사주를 들고 용하다는 스님을 찾아가 아이의 이름과 사주를 풀어오셨다.

"아이고, 우리 ○○가 보통 사주가 아니네. 나중에 장관이상 될 사주란다."

"하하하. 으이고, 내가 기뻐서 춤이라도 출판이다."

"애기야, 수고 많았다!"

원래 말도 없으시고 술 한두 잔이 들어가야 이야기가 술술 나오시는 분이 손자의 좋은 사주 덕에 기분이 업 되서서 술 취하신 냥 신이 나셨다. 사주만 믿고 정말 장관이상 된 것처럼 말이다.

요즘도 시댁에 가면 "ㅇㅇ 장관 왔어. 아이고, 우리 ㅇ 장관 많이 먹어라." 라며 미리 장관대접을 하신다. 사실 이것도 무시 못 한다. 아이를 높여 좋게 부르면 그렇게 꼭 된다고 하지 않는가?

"아버님도 참." 이라고 하면서도 나 역시 "장관이라고 부르는걸 보면 나도 은근 기대하고 바라고 있는 것 같다.

그러나 사주에도 적혀 있듯이 고집스럽고 센 성격을 제어하고 잘 다스려야 그런 자리에 오를 수 있다고 적혀있었다. 요즘 보면 어찌 이리 사주가 맞을까 싶다. 순 하디 순한 누나와 키울 때부터 남달라 쉽게 그저 키운 첫째와 많이 비교대상이 되었다.

잠부터도 잘 자고 했던 첫아이와 달리 둘째 녀석은 30분을 못자고 깨서 날 괴롭혔다. 성격이 예민해서인지 밤에도 푹 자지 못하고 나를 힘들게 했다. 첫째 때 젖몸살로 젖을 오래 못 먹인 미안함으로 둘째는 꼭 성공 하리라 맘먹고 독하게 모유수유를 준비했다. 그래서 인지 둘째는 누나가 누리지 못한 젖을 영광스럽게 빨고 있었다.

아이가 잠을 깊게 자지 못해서 병원에 문의하니 문제는 나에게 있었다. 커피를 좋아하는 내가 모유수유를 하면서 조금씩 마신 커피 때문에 카페인이 아이에게 전달되어 잠을 잘 이루지 못했던 것이다. 아이에게 얼마나 미안한지 눈물이 났다. 살면서 매순간 배운다더니 그 말이 꼭 맞다. 예민하고 별난 줄 알았던 아이가 나의 욕심과 이기적인 생각 때문에 얼마나 힘들었을까 싶어 마음이 짠했다. 그 뒤로 모유수유 중에는 완전히 커피를 끊었다. 그랬더니 신기하게도 아이는 쌕쌕 잘 자는 게 아닌가?

"아가, 미안해. 엄마가 잘못했어. 울 아가 생각도 하지 않고 엄마는 내 생각만 했네! 힘들었지? 엄마가 더 잘할게. 푹 자고 쑥쑥 커라."

무슨 일이든 다 이유가 있는 법이다. 나 또한 커피 때문인데 괜한 아이만 잡았지 않은가! 많은 이들이 "우리 애는 왜 이런지 모르겠어요!" 라는 말을 자주 한다. 다 들쳐보면 그럴 만한 이유가 있는데 말이다. 이유 없는 무덤 없고 핑계 없는 무덤 없다. 잘 생각해 보고 아이를 관찰해 보라. 부모에게 문제의 행동이 있는 건 아닌지 되돌아보라.

아들은 동네에서 인사대장으로 통했다. 다들 신기해했다. 어린아이가 어른들을 보면 시키지도 않는데 인사부터 하니 말이다. 특히 야쿠르트 배달아줌마가 팬이 되어 매일 입이 마르도록 칭찬을 했다.

"이렇게 어린애가 어찌 인사를 잘할꼬? 커서 큰 인물 되겠다!"

그냥 하는 말 인 데도 왜 그리 기분이 좋은지 유산균 음료를 한 봉지씩 사곤 했다. 그 아주머니의 상술일수도 있는데 말이다. 유치원에 들어가 친구를 집에 초대해서 놀게 되어 친구가 뛰거나 잘못된 행동을 하면 내가 굳이 말할 필요가 없었다.

"○○야, 거실에서 그렇게 뛰면 안 돼. 아랫집에 시끄럽잖아."

"○○야, 욕실에 맨발로 들어가면 안 돼, 욕실 화 신고가야지, 미끄러지잖아."

친구와 같이 온 엄마들이 놀라며 좀 배우라고 자기아이를 다그쳤다.

"언니, 비법이 뭐에요? 도대체!"

"비법? 어릴 때부터 그렇게 가르쳤으니까."

사람들은 참 이상하다. 본인들이 그렇게 가르치지 않았으면서 특별한 비법이 있는 줄 아니 말이다.

아이는 부모에게서 보고 배운 대로 행동 하게 된다. 그러니 정신이 번쩍 들지 않는가? 어릴 때부터 잘 가르쳐야 한다는 책임감과 중압감이 들지 않는가? 부모부터 행동을 올바르게 해야 하지 않겠는가! 무슨 일이건 어른이 되어 바꾸려면 힘들다. 어릴 때 터 첫 단추를 잘 꿰면 평생 동안 가니 잘 가르쳐야 하지 않겠는가!

아이는 절대 과대평가하지 마라

어떤 부모건 자기 자식이 천재고 영재이길 바랄 것이다. 자기가 생각하는 것보다 뭐든 잘하기를 바라는 게 부모의 한결같은 바람일 것이다. 나또한 그랬으니 말이다. 하지만 아이를 키워감에 따라 그런 마음은 서서히 내려놓는 것이 좋다. 아이에게 실망하지 않으려면 말이다. 반대로 과소평가를 하고 있던 자녀라면 더 큰 희망과 기대의 결과를 들을 수도 있다. 인생에는 늘 변수가 따른다. 자녀들에 있어서는 더더욱 그렇다. 나 또한 자녀를 과대평가하는 1인이었다.

아기 때도 엄마 아빠를 남보다 일찍 했다고 내 아기가 천재인 양 호들갑을 떨었다. 그만큼 부모들은 자식들을 과대평가 하는데 익숙하고 당연한 행동이라고 생각했다.

사람은 살면서 계속 배운다고 하지 않았던가? 아주 큰 가르침을 배운 일이 벌어졌다. 친구의 아이는 겉으로 봐서는 똑똑해보이지도 않고 극히 평범한 아이였다. 친구도 아이를 절대 칭찬하지 않고 외모와 행동을 디스하고 잘 하는 게 별로 없다고 과소평가만 하는 게 아닌가! 그래서 나또한 그런 아이인 줄로만 오해하고 있었다.

딸아이와 같이 독서수업을 하게 된 일이 있었는데 그 아이를 다시 보게 되었다. 친구에게 듣던 이야기와 달리 정말 적극적으로 수업에 임하고 남과 다른 창의적인 얘기와 그림을 끄집어내어 선생님께 칭찬을 받는다고 했다. 자기의 생각을 조리 있고 창의적으로 발표하는데 놀랐다고 했다. 그런 아이에 대해 선생님께 전해들은 친구는 제 딸에게 그런 면이 있는지 몰랐고 그저 평범한 아이라고 겸손함을 보였다. 인성적으로도 아이는 제대로 잘 큰 아이었다. 그런데 친구는 절대 그런 아이를 과대평가 하지 않고 내 딸은 잘하는 게 별로 없고 특출 나지 않다고 했다. 자식을 과소평가하며 겸손함을 가지니 아이의 남다름을 알게 되고 남에게서 과대평가를 듣게 된다. 이 얼마나 큰 기쁨인가!

우리도 살면서 느끼는 것들이지 않은가! 기대하면 실망도 크고 기대를 버리고 있으면 오히려 큰 선물이 돌아오는 것을 말이다. 아이들에게도 너무 큰 기대를 해서 실망하고 좌절하지 말고 기대의 끈을 놓고 기다리면 오히려 큰 선물이 되어 돌아 올 것이다. 내 친구의 일화처럼 말이다.

기대는 크게 하지 말되 희망의 끈은 놓지 말아야 한다. 아이가 자라면 자랄수록 실망하는 일은 더욱 많아질 것이다. 그러니 부모들이여, 아이를 과소평가하자.

엄마 찬스

아이들에게 있어 엄마의 울타리만큼 중요한 것이 없다. 기쁠 때 같이 웃어 주고 힘들 때면 어깨를 토닥여 주는 그런 의지 할 수 있는 울타리가 바로 부모 그중에서도 특히 엄마의 자리여야 한다. 내 아이 들 에게 힘들거나 위험이 닥치면 언제나 엄마찬스를 쓰라고 얘기한다. 든든한 엄마 백 놔두고 뭣에 쓸려고……. 샤넬, 루이비통 같은 명품백보다 더 든든하고 품격 있는 고가의 백, 바로 엄마 백. 이보다 더 좋은 백이 또 어디 있으랴!

나는 아이들에게 학교에서건 어디에서건 힘들거나 어려운 일이 있을 때 해결사로 엄마를 꼭 써먹으라고 한다. 누군가에게 든든한 백그라운드가 있다면 무슨 일을 함에 있어 두려움이 없고 자신감으로 가득 할 터이니 말이다.

그렇다고 엄마가 애들을 대신해서 치마폭을 휘날리며 다니라는 뜻이 아니다. 어릴 때 말 못할 고민이나 걱정거리를 말할 누군가가 없었다. 속으로만 끙끙 앓고 또래 친구들과 그저 고민을 공유할 뿐이었다. 내게도 든든한 지원군이 있었으면 했다. 엄마는 너무나도 먼 존재였다. 괜히 얘기 했다가 본전도 못 찾고 쓴 소리를 들을 것 같아 혼자 속앓이를 했었다. 선생님조차도 믿을 존재가 아니었다. 그 어린마음에 나중에 크면 나는 든든한 엄마가 되리라고 결심한 것 같다.

도전 골든벨 같은 퀴즈 프로그램에도 찬스를 쓸 수 있는 기회가 있다. 골든 벨을 울리는 과정 중 마지막 기회를 주기 위해 주는 것이다. 모르는 문제가 나와 골든벨은 틀렸구나 생각했지만 친구들의 도움을 통해 한 발짝 더 나아가는 것이다. 그때 느끼는 성취감과 희열감은 골든벨을 울렸을때 보다 오히려 더 크고 감동일수 있다.

하물며 퀴즈에서도 찬스가 필요한데 우리네 인생 아니 아이들 인생에서는 찬스가 얼마나 많이 필요하겠는가? 그럴때 마다 찬스 쿠폰처럼 꺼내어 아이들에게 도움을 준다면 신바람 나게 살수 있으리라.

찬스도 너무 시도 때도 없이 쓰면 역효과가 나는법! 명심하자 과유불급 무슨 일이든 과하면 탈이 난다는 것을.

"엄마 같은 명품백이 있어 행복해." 라는 아이들의 말을 들으면 살맛나지 않겠는가!

마치는글

　내가 육아서를 쓴다고 했을 때 누군가는 이렇게 얘기했다. 어떤 결과물도 나오지 않았는데 육아서를 쓴다는 건 너무 성급한 행동 아닌가 하고 말이다. 그분이 말하는 결과물은 무엇을 말하는 것일까? 대한민국에서 SKY 대학을 나오고 의사, 판사, 고위 공무원 등을 하고 있느냐다. 난 그렇게 생각하지 않는다. 물론 좋은 대학을 나오고 좋은 직업을 가지는 것이 육아를 잘 했다는 증거일 수도 있겠지만 제대로 된 자녀교육은 인성을 가진 사람으로 길러내느냐 아니냐에 달려 있다고 생각한다. 좋은 대학에 들어가서도 안 좋은 사건에 휘말리는 사람들을 많이 본다. 좋은 직업을 갖고 있는 소위 나라의 엘리트라는 사람들이 뉴스에 등장하는 걸 본다. 어떤 결과물이 나와야 육아책을 쓸 수 있다고 한다면, 아무도 육아책을 쓸 수 없다는 결론이 나온다. 자녀의 60대 70대까지를 책임질 수 있는가 말이다. 그렇다면 대한민국에서 육아책은 요원한 일이 될 것이다.

중학생 딸과 초등학생 아들이 있다. 그들이 살다가 바른 길에서 벗어나 나쁜 길로 들어갈 수도 있다. 하지만 난 아이들을 믿는다. 사랑을 다해 키웠기 때문이다. 사춘기를 겪으며 살짝 방황의 길로 들어설 때도 있겠지만 엄마와의 신뢰, 사랑, 믿음을 생각하며 다시 제자리로 돌아올 것임을 믿는다. 그 때 엄마와 나눴던 교감이, 내가 쓴 이 책이 그들에게 위로와 용기를 주리라 믿는다.

난 최선을 다해 자녀를 키웠고 지금도 그렇게 키우고 있다. 내 육아의 밑바탕은 사랑이다. 그리고 단호함이다. 사랑을 주되 단호함을 심어 주었다. 엄마의 사랑을 느끼면서도 하지 말아야 할 것과 해야 할 것에 대한 개념을 철저히 심어 주었다. 아이들이 해달라는 대로 다 해주지 않았다.

자녀를 키우는 과정에서 얻은 팁을 대한민국의 엄마들과 나누고 싶었다. 내 육아법이 정답은 아니지만 엄마가 처음인 그녀들에게 자녀 둘을 키우면서 알게 된 비법을 알려주고 싶었다.

결혼을 하고 1인 몇 역을 하며 수퍼 우먼처럼 사는 나의 모습은 기적과도 같다. 결혼 전에는 손에 물 한 방울 안 묻히고 부엌근처에는 얼씬도 하지 않아 시집 보내는 친정엄마의 가슴을 졸이게 만들었던 딸인데 지금은 육아천재 육아박사 주부9단 으로 불리며 여기저기에서 도움의 손길을 주고 있다. 이것이 육아책을 쓰게 된 계기였다.

난 오롯이 육아에 전념했고 그 또한 즐기며 했다. 왜? 사랑하는 나의 아이들을 키우는 일인데 어찌 게을리 대충할 수 있단 말인가? 나의 방식대로 아이를 정성스레 키웠고 사랑을 줬다고 자신한다. 인성이 바른 아이로 꼭 자라리란 것을.. 어떤 직업을 가져서 사회적으로 인정 받는 것도 물론 중요하겠지만 인문학적 소양을 가진 아이로 자라나 자신들이 원하는 일을 하며 행복하게 살아나갈 것임을 믿는다. 살다가 힘들면 엄마품에 안길 것임을 믿는다. 또 다시 세상을 향해 성큼성큼 나갈 것임을 또한 믿는다. 내가 사랑을 다해 키운 우리 아이들이기 때문이다.

이 책을 쓰며 감사할 분이 떠오른다. 나를 작가의 길로 인도해주신 언니이자 글 선배인 문현정 작가이다. 그녀가 없었더라면 난 그저 육아를 잘하는 주부로만 남았을 것이다.

"어떻게 하면 나연이처럼 키울 수 있나요?" 를 물었던 선생님들의 이야기를 들은 언니는 육아책을 써야 한다고 용기를 북돋워 주었다. 2018년 여름 목차를 짜고 두 달간 초고를 완성했다.

하루도 쉬지 않고 매일 글을 써서 언니에게 보냈다. 피곤해서 보내지 않는 날은 불호령이 떨어졌다. 그녀가 있어 내가 작가가 될 수 있었다. 나를 신세계로 인도해준 언니에게 영광을 돌리고 싶다. 또한 이 책의 주인공들인 사랑하는 나연, 세찬이에게도 감사의 뜻을 전한다.

나에게로 와서 너희들은 꽃이 되었고 또 활짝 피어 주었다. 너희들로 인해 내 삶도 꽃처럼 확 피어났다. 끝으로 책쓰기와 육아에는 별 도움이 되지 않았지만 결정적으로 나연이와 세찬이를 내 몸에 심어준 '언제나 남의 편'인 남편에게도 감사하는 마음을 전한다.

책 내용을 보며 아이들은 서로 누구의 내용이 많냐며 선의의 경쟁을 하곤 한다. 책상앞에 앉아 글쓰는 엄마를 보면 멋지다고 엄지척을 치켜드는 아이들을 보며 힘들지만 엉덩이 붙이고 쓴 것 같다. 아이들이 아니었다면 절대 이룰수 없었던 일이다. 이모도 작가요 엄마도 작가이니 보는게 무섭다고 중학교 1학년인 딸아이는 벌써 자기만의 소설을 쓰고 있다. 이게 산 교육이 아니겠는가? 가족 모두가 작가가 되는 것이 작은 바람이다. 육아책을 쓰며 임신, 태교, 출산, 육아의 추억을 소환해내는 것이 쉽지만은 않았다. 하지만 아이들과 그때의 사진도 봐가며 행복한 시간을 가진 좋은 기회였다.

　모두 힘들어 하는 육아, 나라고 왜 힘들지 않았겠는가? 하지만 난 현명하게 대처하며 아이를 길렀다. 난 그들의 사랑 품은 엄마니까! 육아에 지치고 힘든 이들은 나의 책으로 누워서 떡은 먹되 절대 체하지 않았으면 좋겠다.

　정성을 다한 육아는 절대 배반하지 않는다는 사실만 기억했으면 좋겠다.

누워서 떡 먹기 육아

초판 1쇄 발행 | 2019년 6월 20일

지은이 | 문현경
펴낸이 | 공상숙
펴낸곳 | 마음세상

주 소 | 경기도 파주시 한빛로 70 515-501

출판등록 | 2011년 3월 7일 제406-2011-000024호

ISBN | 979-11-5636-338-5 (03590)

원고 투고 | maumsesang@nate.com

* 마음세상은 삶의 감동을 이끌어내는 진솔한 책을 발간하고 있습니다. 참신한 원
고가 준비되셨다면 망설이지 마시고 연락주세요.

이 도서의 국립중앙도서관 출판예정도서목록(CIP)은 서지정보유통지원시스템
홈페이지(http://seoji.nl.go.kr)와 국가자료종합목록 구축시스템(http://kolis-net.
nl.go.kr)에서 이용하실 수 있습니다. (CIP제어번호 : CIP2019020725)